普通高等院校应用型人才培养规划教材

光电技术实验

主　编　魏彦锋　谢志远　陈培杰

参　编　朱丽娟　李晓波

西南交通大学出版社

·成　都·

图书在版编目（CIP）数据

光电技术实验 / 魏彦锋，谢志远，陈培杰主编. —
成都：西南交通大学出版社，2019.11
普通高等院校应用型人才培养规划教材
ISBN 978-7-5643-7284-2

Ⅰ. ①光… Ⅱ. ①魏… ②谢… ③陈… Ⅲ. ①光电技
术－实验－高等学校－教材 Ⅳ. ①TN2-33

中国版本图书馆 CIP 数据核字（2019）第 274415 号

普通高等院校应用型人才培养规划教材

Guangdian Jishu Shiyan

光电技术实验

主　编　魏彦锋　谢志远　陈培杰

责任编辑　张文越
封面设计　墨创文化

出版发行　西南交通大学出版社
　　　　　（四川省成都市金牛区二环路北一段 111 号
　　　　　西南交通大学创新大厦 21 楼）
邮政编码　610031
发行部电话　028-87600564　028-87600533
官网　　　http://www.xnjdcbs.com
印刷　　　成都蜀雅印务有限公司

成品尺寸　185 mm×260 mm
印张　　　15
字数　　　375 千
版次　　　2019 年 11 月第 1 版
印次　　　2019 年 11 月第 1 次
定价　　　45.00 元
书号　　　ISBN 978-7-5643-7284-2

前　言

随着激光技术、光电子技术、微电子技术和计算机技术的快速发展，光电子专业已经成为一个涉及众多技术领域的综合性学科。本书是湖北文理学院新编特色教材和专业教材之一。本书以专业实验教学大纲的总结修订和多年教学实践为基础，内容包括光电专业中重要的概念、器件和技术。本书通过理论知识结合实践的交互式学习，提高学生专业实践能力和动手能力。

本书按照光电技术实验内容分为六章。第一章介绍光电探测器原理与特性测试实验；第二章介绍 LED、激光器原理与参数测量实验；第三章介绍电光、声光、磁光效应综合实验；第四章介绍光纤参数测量与应用综合实验；第五章介绍线阵 CCD 传感器原理与特性测试实验；第六章介绍光电技术应用实验。本书可以作为高等学校光电信息类专业以及高等职业学校相近专业教学参考书。

本教材由光电技术实验课老师谢志远、魏彦锋、陈培杰、朱丽娟、李晓波编写而成。本书在编写过程中参考和使用了北京杏林睿光科技有限公司和武汉光驰科技有限公司所提供的授权资料，在此一并表示感谢！整理成书之际还要感谢参与实验的各位同学的互动与反馈，特别感谢：袁斐、栗郭剑、崔亚珍、李梦佳、明倩倩和张开玉。

由于编者水平有限，书中存在的疏漏和不足之处在所难免，恳请广大读者批评指正。

编　者

2019 年 4 月

目 录

第一章 光电探测器原理与特性测试实验 ………………………………………… 1

    实验一 光敏电阻特性测试实验 ………………………………………… 1

    实验二 硅光电池特性测试实验 ………………………………………… 8

    实验三 光电二极管特性测试实验 …………………………………… 15

    实验四 光电三极管特性测试实验 …………………………………… 22

    实验五 APD 光电二极管特性测试实验 …………………………… 28

    实验六 PIN 光电二极管特性测试实验 …………………………… 35

    实验七 色敏传感器特性测试实验 …………………………………… 41

    实验八 光电倍增管特性测试实验 …………………………………… 44

第二章 LED、激光器原理与参数测量实验 …………………………………… 54

    实验一 LED 物性综合实验 …………………………………………… 54

    实验二 激光光源 P-I 特性测量实验 ………………………………… 60

    实验三 氦氖激光谐振腔调整与功率测量实验 …………………… 63

    实验四 共焦球面扫描干涉仪调整实验 …………………………… 66

    实验五 半外腔激光器等效腔长测量实验 ………………………… 71

    实验六 激光横模变换与参数测量实验 …………………………… 74

    实验七 氦氖激光纵模正交偏振与模式竞争观测实验 ………… 78

    实验八 高斯光束参数测量实验 …………………………………… 82

    实验九 高斯光束变换与测量实验 ………………………………… 90

    实验十 半导体泵浦固体激光综合实验 …………………………… 94

    实验十一 光纤激光器综合实验 …………………………………… 101

第三章 电光、声光、磁光效应综合实验 …………………………………… 119

    实验一 晶体的电光效应实验 ……………………………………… 119

    实验二 晶体的声光效应实验 ……………………………………… 130

    实验三 晶体的磁光效应实验 ……………………………………… 139

第四章 光纤参数测量与应用综合实验 …………………………………… 143

    实验一 光纤耦合效率测量实验 …………………………………… 143

    实验二 光纤数值孔径测量实验 …………………………………… 149

　　实验三　"插入法"光纤损耗测量实验 ······················· 152

　　实验四　光纤几何参数测量实验 ····························· 154

　　实验五　光纤激光音频通信实验 ····························· 167

第五章　线阵 CCD 传感器原理与特性测试实验 ······················· 171

　　实验一　线阵 CCD 光路系统安装调试实验 ····················· 171

　　实验二　CCD 驱动原理实验 ······························· 172

　　实验三　线阵 CCD 输出信号处理实验 ························· 177

　　实验四　CCD 输出信号的二值化处理实验 ······················ 178

　　实验五　线阵 CCD 测径实验 ······························· 179

　　实验六　线阵 CCD 输出信号数据采集实验 ····················· 181

第六章　光电技术应用实验 ·································· 183

　　实验一　透射式横（纵）向光纤位移传感实验 ··················· 183

　　实验二　反射式光纤位移传感实验 ··························· 186

　　实验三　微弯式光纤位移/压力传感实验 ······················ 189

　　实验四　光纤端场角度传感实验 ····························· 191

　　实验五　光纤温度压力传感实验 ····························· 194

　　实验六　光纤火灾预警系统实验 ····························· 196

　　实验七　光纤照明实验系统设计实验 ························· 200

　　实验八　光电耦合器测试及应用实验 ························· 204

　　实验九　光伏发电系统实验 ······························· 208

　　实验十　温差效应发电实验 ······························· 223

　　实验十一　室内环境监测和安防设计实验 ····················· 226

参考文献 ··· 233

第一章
光电探测器原理与特性测试实验

实验一　光敏电阻特性测试实验

一、实验目的

（1）学习掌握光敏电阻的工作原理。
（2）学习掌握光敏电阻的基本特性。
（3）掌握光敏电阻特性测试的方法。

二、实验仪器

光电子课程综合实训平台、光通路组件、光敏电阻及封装组件、迭插头连接线、示波器。

三、实验原理

（一）光敏电阻的结构与工作原理

光敏电阻是利用具有光电导效应的半导体材料制成的光敏传感器，又称为光导管，它是一种均质的半导体光电器件，其结构如图 1.1.1（a）所示，在玻璃底板上均匀地涂上一层薄薄的半导体物质，称为光导层。为了防止周围介质的影响，在半导体光敏层上覆盖了一层漆膜，漆膜的成分应使它在光敏层最敏感的波长范围内透射率达到最大。图 1.1.1（b）显示的是光敏电阻的梳状电极结构，由于在间距很近的电阻之间有可能采用大的灵敏面积，同时减少极间电子渡越时间，提高灵敏度。半导体的两端装有金属电极，金属电极与引出线端相连接，光敏电阻通过引出线端接入电路，图 1.1.1（c）是常见的光敏电阻接线图。光敏电阻没有极性，纯粹是一个电阻器件，使用时既可加直流电压，也可以加交流电压。无光照时，光敏电阻阻值（暗阻）很大，电路中电流（暗电流）很小。

光照射到光敏电阻光敏面时，会产生光电效应，激发出一定数量的非平衡电子和空穴，使光敏电阻电导率改变：

$$\Delta\sigma = \Delta n \cdot e \cdot \mu_n + \Delta p \cdot e \cdot \mu_p \qquad (1.1.1)$$

（a）光敏电阻结构　　　　　（b）光敏电阻电极　　　　　（c）光敏电阻接线图

图 1.1.1　光敏电阻的结构、电极与连接图

式中，e 为电荷电量；Δn 为电子浓度的改变量；Δp 为空穴浓度的改变量；μ 表示迁移率，当光敏电阻两端加上电压 U 后，增加的电流（即光电流）为：

$$I_\mathrm{p} = \frac{A}{d} \cdot \Delta \sigma \cdot U \tag{1.1.2}$$

式中，A 为与电流垂直的表面；d 为电极间的间距。在一定的光照度下，$\Delta \sigma$ 为恒定的值，因而光电流和电压成线性关系。

当光敏电阻受到一定波长范围的光照时，它的阻值（亮电阻）急剧减小，电路中电流迅速增大。一般希望暗电阻越大越好，而亮电阻越小越好，此时光敏电阻的灵敏度就高。实际上光敏电阻的暗电阻阻值一般在兆欧量级，亮电阻阻值在千欧甚至更小。光敏电阻的主要参数有：

（1）光敏电阻在不受光照射时的阻值称为暗电阻，此时流过光敏电阻的电流称为暗电流。

（2）光敏电阻在受光照射时的电阻称为亮电阻，此时流过光敏电阻的电流称为亮电流。

（3）亮电流与暗电流之差称为光电流。

（二）光敏电阻的基本特性ʳ

在一定照度下，流过光敏电阻的电流与光敏电阻两端的电压之间的关系称为光敏电阻的伏安特性。光敏电阻在一定的电压范围内，其 I—U 曲线为直线，如图 1.1.2（a）所示。照度一定时，所加的电压越高，光电流越大；在给定的电压下，光电流的数值将随光照的增强而增大。在设计光敏电阻变换电路时，应使光敏电阻的工作电压或电流控制在额定功耗线之内。

光敏电阻的光照特性是描述光电流 I_p 和光照强度之间的关系，不同材料的光照特性是不同的，绝大多数光敏电阻的光照特性是非线性的，如图 1.1.2（b）所示。

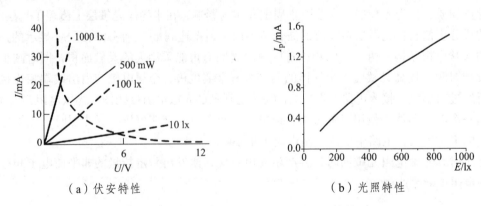

（a）伏安特性　　　　　　　　　（b）光照特性

图 1.1.2　光敏电阻的伏安特性与光照特性

光敏电阻对入射光的光谱具有选择作用，即光敏电阻对不同波长的入射光有不同的灵敏度。光敏电阻的相对灵敏度与入射波长之间的关系称为光敏电阻的光谱特性，亦称为光谱响应。图 1.1.3（a）为几种不同材料光敏电阻的光谱特性，对于不同波长，光敏电阻的灵敏度是不同的，而且不同材料的光敏电阻的光谱响应曲线也不同。

　　实验证明，光敏电阻的光电流不能随着光强的改变而立刻变化，即光敏电阻产生的光电流有一定的惰性，这种惰性通常用时间常数表示。大多数光敏电阻的时间常数都较大，这是它的缺点之一。不同材料的光敏电阻具有不同的时间常数（毫秒数量级），因而它们的频率特性也就各不相同，如图 1.1.3（b）所示。

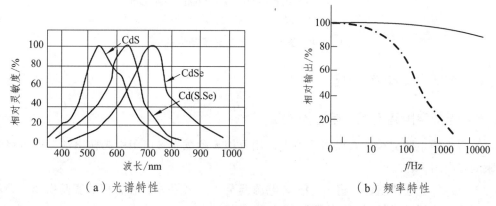

（a）光谱特性　　　　　　　　　　　　　（b）频率特性

图 1.1.3　光敏电阻的光谱特性与频率特性

（三）基准探测器的光谱响应度

　　当不同波长的入射光照到光敏电阻上时，光敏电阻会有不同的灵敏度。本实验使用的仪器采用高亮度发光二极管（白、红、橙、黄、绿、蓝、紫）作为光源，可产生 400～630 nm 离散光谱。

　　光谱响应度是光电探测器对单色入射辐射的响应能力，定义为在波长 λ 的单位入射功率的光照射下，光电探测器输出的电压信号或电流信号为

$$u(\lambda) = \frac{V(\lambda)}{P(\lambda)} \text{ 或 } i(\lambda) = \frac{I(\lambda)}{P(\lambda)} \tag{1.1.3}$$

式中，$P(\lambda)$ 为波长为 λ 时的入射光功率；$V(\lambda)$ 为光电探测器在入射光功率 $P(\lambda)$ 作用下的输出电压信号；$I(\lambda)$ 则为输出用电流表示的输出电流信号。

　　本实验所采用的方法是基准探测器法，在相同光功率的辐射下，有

$$i(\lambda) = \frac{I(\lambda)K}{U_f} \, f(\lambda) \tag{1.1.4}$$

式中，U_f 为基准探测器显示的电压值；K 为基准电压的放大倍数；$f(\lambda)$ 为基准探测器的响应度。在测试过程中，U_f 取相同值，则实验所测试的响应度大小由 $i(\lambda) = I(\lambda) f(\lambda)$ 的大小确定，图 1.1.4 所示为基准探测器的光谱响应曲线。

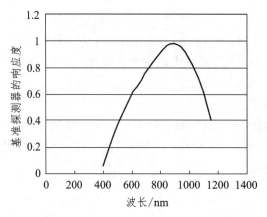

图 1.1.4　基准探测器的光谱响应曲线

四、实验内容及步骤

（一）光敏电阻暗电阻、暗电流测试

（1）将光敏电阻完全置入黑暗环境中，用万用表测试光敏电阻引脚输出端，即可得到光敏电阻的暗电阻 $R_暗$。

（2）组装好光通路组件，将 0～15 V 电源调至 12 V（注意：在下面的实验操作中请不要动电源调节电位器，以保证直流电源输出电压不变）。

（3）按照图 1.1.5 连接电路，负载 R_L 选为 10 MΩ，电压表置于 200 mV 档。

（4）打开实验平台电源，光源驱动电源应处于关闭状态，将光电器件置于黑暗环境中 30 min 以上，等电压表读数稳定后测得负载电阻 R_L 上的压降 $V_暗$，则暗电流 $I_暗 = V_暗 / R_L$。所得的电流即偏置电压为 12 V 的暗电流。

（5）将直流电源电位器调至最小，关闭实验平台电源，拆除所有连线。

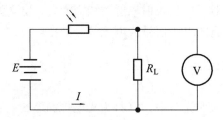

图 1.1.5　光敏电阻暗电流测试电路图

（二）光敏电阻亮电阻、亮电流、光电流测试

（1）组装好光通路组件，用彩排数据线将光源与光源驱动及信号处理模块上接口相连，光源模式 S_2 应处于"静态"，用选插头连接线将照度计探头与照度计相连（注意极性），照度计置于 2 klx 挡，电压表置于 20 V 档，电流表置于 200 μA 档。

（2）打开实验平台电源及光源驱动电源，缓慢调节光照度调节电位器，直到光照为 300 lx 时，使用万用表的电阻挡测试光敏电阻阻值，即可得到光敏电阻的亮电阻 $R_亮$。关闭光源驱动电源及实验平台电源。

（3）将 0～15 V 电源调至 12 V（注意：在下面的实验操作中请不要动电源调节电位器，以保证直流电源输出电压不变）。

（4）按照图 1.1.6 连接电路，E 为 12 V 直流电源，R_L 取 5.1 kΩ。

（5）打开实验平台电源及光源驱动电源，记录此时电流表的读数，即为光敏电阻在 300 lx 的亮电流 $I_亮$。

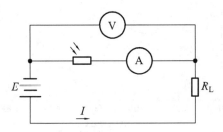

图 1.1.6　光敏电阻光电流测试电路图

（6）亮电流与暗电流之差即为光电流，$I_光 = I_亮 - I_暗$，光电流越大，灵敏度越高。

（7）将光照度调至最小，直流电源调至最小，关闭光源驱动电源及实验平台电源，拆除所有连线。

（三）光敏电阻光照特性测试

（1）组装好光通路组件，用彩排数据线将光源与光源驱动及信号处理模块上接口相连，光源模式 S_2 应处于"静态"，用选插头线将照度计探头与照度计相连（注意极性），照度计置于 2 klx 挡，电压表置于 20 V 挡，电流表置于 2 mA 挡。

（2）按照图 1.1.6 连接电路，E 选择 0～15 V 直流电源，R_L 取 100 Ω。

（3）打开实验平台电源，使电压表读数显示为 8 V，打开光源驱动电源并调节光照度电位器，依次测试出如表 1.1.1 所列照度的光电流并填入表中。

表 1.1.1　光敏电阻光照特性测试数据列表

光照度/lx	100	200	300	400	500	600	700	800	900
光电流 I/mA									
亮电阻（U/I）									

（4）将光照度调至最小，直流电源调至最小，关闭光源驱动电源及实验平台电源，拆除所有连线。

（5）根据测试所得到数据，在图 1.1.7 坐标图中画出光敏电阻的光照特性曲线。

（四）光敏电阻伏安特性测试

（1）组装好光通路组件，用彩排数据线将光源与光源驱动及信号处理模块上接口相连，光源模式 S_2 应处于"静态"，用选插头线将照度计探头与照度计相连（注意极性），照度计置于 2 klx 挡，电压表置于 20 V 挡，电流表置于 2 mA 挡。

（2）按照图 1.1.6 连接电路，E 选择 0～15 V 直流电压并调至最小，R_L 取 510 Ω。

（3）打开实验平台电源及光源驱动电源并将光照度设置为 200 lx 不变，调节电源电压，分别测得当电压表读数如表 1.1.2 所示电压时的光电流并填入表中。

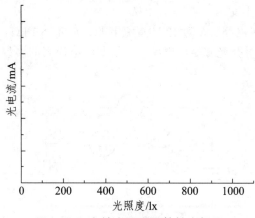

图 1.1.7　光敏电阻光照特性坐标图

（4）改变光源的光照度为 400 lx，重复上述步骤，完成测量并填入表 1.1.2 中。

表 1.1.2　光敏电阻伏安特性测试数据列表

光照度/lx	偏压/V										
	0	1	2	3	4	5	6	7	8	9	10
200											
400											

（5）将光照度调至最小，直流电源调至最小，关闭光源驱动电源及实验平台电源，拆除所有连线。

（6）根据表中所测得的数据，在图 1.1.8 坐标图中画出光敏电阻的 U-I 曲线，并进行比较分析。

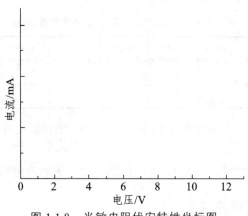

图 1.1.8　光敏电阻伏安特性坐标图

（五）光敏电阻光谱特性测试

（1）组装好光通路组件，用彩排数据线将光源与光源驱动及信号处理模块上接口相连，光源模式 S_2 应处于"静态"，用选插头线将照度计探头与照度计相连（注意极性），照度计置于 200 lx 档，电压表置于 20 V 档，电流表置于 2 mA 档。

（2）按照图 1.1.6 连接电路，E 选择 0～15 V 直流电源，R_L 取 510 Ω。

（3）打开实验平台电源及光源驱动电源，缓慢调节光照度调节电位器到最大，缓慢调节直流电源直至电压表显示为 8 V。通过左切换或右切换开关，将光源输出切换成不同颜色，记录照度计所测数据，找出最小光照度值，计为 E_{min}。依次调节红光、橙光、黄光、绿光、蓝光、紫光使照度计读数为 E_{min}，记录下此时通过光敏电阻的电流，填入表 1.1.3 中。

表 1.1.3　光敏电阻光谱特性测试数据列表

波长/nm	红（630）	橙（605）	黄（585）	绿（520）	蓝（460）	紫（400）
基准响应度	0.65	0.61	0.56	0.42	0.25	0.06
电流 I/mA						
电导						
相对响应度						

（4）将光照度调至最小，直流电源调至最小，关闭光源驱动电源及实验平台电源，拆除所有连线。

（5）根据表中数据在如图 1.1.9 所示的坐标图中画出光敏电阻的光谱特性曲线。

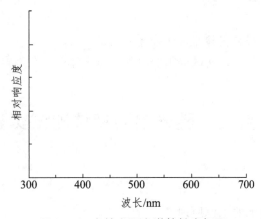

图 1.1.9　光敏电阻光谱特性坐标图

（六）光敏电阻时间特性测试

（1）组装好光通路组件，用彩排数据线将光源与光源驱动及信号处理模块上接口相连，光源模式 S_2 应处于"脉冲"，用迭插头线将照度计探头与照度计相连（注意极性），信号源方波输出接口通过 BNC 线接到方波输入。正弦波输入和方波输入内部是并联的，可以用示波器通过正弦波输入口测量方波信号。照度计置于 2 klx 挡。

（2）按照图 1.1.10 连接电路，R_L 取 10 kΩ，示波器的测试点应为光敏电阻两端。

（3）打开实验平台电源及光源驱动电源，白光对应的发光二极管亮，其余的发光二极管不亮。观察示波器两个通道信号的变化，并做实验记录（描绘出两个通道的 U-t 曲线）。缓慢调节输入脉冲的信号频率及宽度，观察示波器两个通道信号的变化，并作实验记录（描绘出两个通道的 U-t 曲线）。

（4）关闭光源驱动电源及实验平台电源，拆除所有连线。

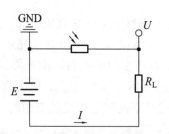

图 1.1.10 　光敏电阻时间特性测试电路图

五、注意事项

（1）实验之前，请仔细阅读光电综合实训平台说明，弄清实训平台各部分的功能及按键开关的用处。

（2）当电压表和电流表显示为"1 _"时说明超过量程，应更换为合适量程。

（3）实验结束前，将所有电压源和光源驱动电源的输出调到最小。

（4）连线之前保证电源关闭，关闭电源之后再拆除连线。

六、思考题

（1）观察实验现象是否和实验原理所描述的结果一致。

（2）在强辐射与弱辐射下，光敏电阻的时间响应为什么会有差异？

实验二　硅光电池特性测试实验

一、实验目的

（1）学习掌握硅光电池的工作原理。

（2）学习掌握硅光电池的基本特性。

（3）掌握硅光电池基本特性测试方法。

二、实验仪器

光电子课程综合实训平台、光通路组件、硅光电池及封装组件、迭插头连接线、示波器。

三、实验原理

（一）硅光电池的基本结构及工作原理

硅光电池的结构示意图如图 1.2.1 所示，在 N 型硅片上扩散一层极薄的 P 型层，形成 PN 结，再在该硅片的上下两面各制一个电极（其中光照面的电极成"梳状"，并在整个光照面镀上增透膜，利于光的入射），这样就构成了硅光电池。

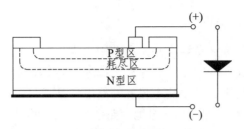

图 1.2.1　硅光电池的结构示意图

硅光电池是一种不需要外接电源就可以自动将光能转变为电能的器件，当 P 型和 N 型半导体材料结合时，由于 P 型材料空穴多电子少，而 N 型材料电子多空穴少，结果 P 型材料中的空穴向 N 型材料这边扩散，N 型材料中的电子向 P 型材料这边扩散，扩散的结果使得结合区两侧的 P 型区出现负电荷，N 型区带正电荷，形成一个势垒，由此而产生的内电场将阻止扩散运动的继续进行。当两者达到平衡时，在 PN 结两侧会形成一个耗尽区。耗尽区的特点是无自由载流子，呈现高阻抗。耗尽区和内电场示意图如图 1.2.2 所示。

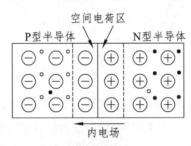

图 1.2.2　硅光电池耗尽区和内电场示意图

当有光照时，入射光子将把处于价带中的电子激发到导带，激发出的电子空穴对在内电场作用下分别漂移到 N 型区和 P 型区，空穴向 P 区迁移，使 P 区带正电，电子向 N 区迁移，使 N 区带负电，因此在 PN 结上产生电动势。如果在硅光电池两端连接电阻，回路内就形成电流，这是硅光电池发生光电转换的原理。

当在 PN 结两端加负载时就会有光生电流流过负载。流过 PN 结两端的电流可由式（1.2.1）确定：

$$I = I_S(e^{\frac{eV}{kT}} - 1) + I_p \tag{1.2.1}$$

式（1.2.1）中，I_S 为饱和电流；V 为 PN 结两端电压；T 为绝对温度；I_p 为产生的光电流。

从式中可以看到，当硅光电池短路时，电池处于零偏时，$V=0$，流过 PN 结的电流 $I_{sc}=I_p$，称为短路电流，产生的光电流 I_p 与输入光照度 E 有以下线性关系：

$$I_p = R \cdot E \tag{1.2.2}$$

式（1.2.2）中，R 为响应度，当硅光电池开路时，$I=0$，由（1.2.1）可知，

$$V_{oc} = V_T \ln \frac{I_p}{I_s} \tag{1.2.3}$$

式中，V_{oc} 是开路电压，$V_T = kT/e$。

（二）硅光电池的基本特性

硅光电池输入光强度不变，负载在一定的范围内变化时，光电池的输出电压及电流随负载电阻变化关系曲线称为硅光电池的伏安特性。其特性曲线如图1.2.3（a）所示。

硅光电池在不同光照度下，其短路电流和开路电压是不同的，它们与照度之间的关系就是光照特性。图1.2.3（b）所示即为硅光电池短路电流和开路电压与光照度的特性曲线。在不同的偏压作用下，硅光电池的光照特性也有所不同。

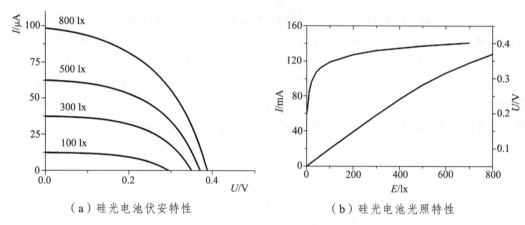

（a）硅光电池伏安特性　　　　（b）硅光电池光照特性

图1.2.3　硅光电池的伏安特性与光照特性

在硅光电池两端加一个负载就会有电流流过，当负载很大时，电流较小而电压较大；当负载很小时，电流较大而电压较小。实验时可通过改变负载电阻 R_L 的值来测定硅光电池的负载特性。在线性测量中，光电池通常以电流形式使用，短路电流与光照度呈线性关系，是光电池的重要特性，而实际使用时都接有负载电阻 R_L，输出电流 I 随照度的增加而非线性缓慢地增加，并且随负载 R_L 的增大线性范围也越来越小。因此，在要求输出的电流与光照度呈线性关系时，负载电阻在条件许可的情况下越小越好，并限制在光照范围内使用。光电池负载特性曲线如图1.2.4（a）所示。

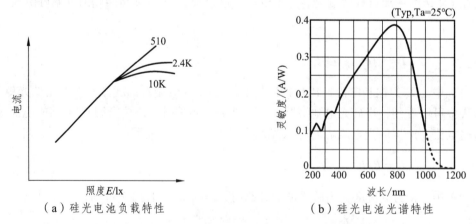

（a）硅光电池负载特性　　　　（b）硅光电池光谱特性

图1.2.4　硅光电池的负载特性与光谱特性

一般硅光电池的光谱响应特性表示在入射光能量保持一定的条件下，硅光电池所产生的光电流与入射光波长之间的关系，如图1.2.4（b）所示。响应度随入射光波长的不同而变化，对不同材料制作的光电池的响应度分别在短波长和长波长处存在一截止波长，在长波长处要求入射光子的能量大于材料的能级间隙 E_g，以保证处于价带中的电子得到足够的能量被激发到导带，硅光电池的长波截止波长为 $\lambda_c=1.1\ \mu m$，在短波长处也由于材料有较大吸收系数而使响应度很小。

硅光电池在调制光照射时，相对灵敏度与调制频率的关系称为频率特性。减少负载电阻能提高响应频率，但输出降低。一般来说，硅光电池的频率响应比光电二极管差。本实验采用脉冲特性法测量硅光电池在脉冲光照射下的时间响应。

四、实验内容及步骤

（一）硅光电池短路电流特性测试

（1）组装好光通路组件，用彩排数据线将光源与光源驱动及信号处理模块上接口相连，光源模式 S_2 应处于"静态"，用选插头线将照度计探头与照度计相连（注意极性），照度计置于 2 klx 挡，电流表置于 200 μA 挡。

（2）按照图 1.2.5 连接电路。

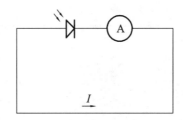

图 1.2.5　硅光电池短路电流测试电路图

（3）打开实验平台电源及光源驱动电源，调节光照度调节旋钮，依次测试出如表 1.2.1 所列照度下的电流并填入表 1.2.1 中。

表 1.2.1　硅光电池短路电流测试数据列表

光照度/lx	0	100	200	300	400	500	600	700	800
光生电流/μA									

（4）表 1.2.1 中所测得的电流值即为硅光电池在相应光照度下的短路电流。

（5）将光照度调至最小，关闭光源驱动电源及实验平台电源，拆除所有连线。

（二）硅光电池开路电压特性测试

（1）组装好光通路组件，用彩排数据线将光源与光源驱动及信号处理模块上接口相连，光源模式 S_2 应处于"静态"，用选插头线将照度计探头与照度计相连（注意极性），照度计置于 2 klx 挡，电压表置于 20 V 挡。

（2）按照图 1.2.6 连接电路。

（3）打开实验平台电源及光源驱动电源，依次测试出如表 1.2.2 所列照度下的电压并填入表中。

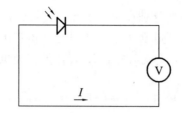

图 1.2.6 硅光电池开路电压测试电路图

表 1.2.2 硅光电池开路电压测试数据列表

光照度/lx	0	100	200	300	400	500	600	700	800
光生电压/mV									

（4）表 1.2.2 中所测得的电压值即为硅光电池在相应光照度下的开路电压。

（5）将光照度调至最小，关闭光源驱动电源及实验平台电源，拆除所有连线。

（三）硅光电池光照特性

根据实验（一）和（二）所测得的实验数据，在图 1.2.7 坐标图中作出硅光电池的光照特性曲线。

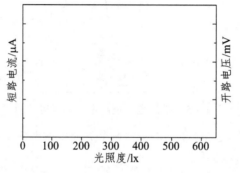

图 1.2.7 硅光电池光照特性坐标图

（四）硅光电池伏安特性测试

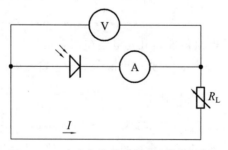

图 1.2.8 硅光电池伏安特性测试电路图

（1）组装好光通路组件，用彩排数据线将光源与光源驱动及信号处理模块上接口相连，光源模式 S_2 应处于"静态"，用选插头线将照度计探头与照度计相连（注意极性），照度计置于 2 klx 挡，电压表置于 200 mV 挡，电流表置于 2 mA 挡。

（2）按照图 1.2.8 连接电路，R_L 取如表 1.2.3 所列阻值。

（3）打开实验平台电源及光源驱动电源并将光照度设置为 500 lx 不变。调节电阻，分别测得当电阻为如表 1.2.3 所示阻值时的电流和电压并填入表中。

（4）依次改变光源的光照度为 300 lx、100 lx 重复上述步骤，完成测量并填入表 1.2.3 中。

表 1.2.3　硅光电池伏安特性测试数据列表

光照度	电阻/Ω	0	510	1k	2k	5.1k	10k	20k	51k	100k	200k	470k
100 lx	电流/mA											
	电压/mV											
300 lx	电流/mA											
	电压/mV											
500 lx	电流/mA											
	电压/mV											

（5）将光照度调至最小，关闭光源驱动电源及实验平台电源，拆除所有连线。

（6）根据表中所测得数据，在图 1.2.9 坐标图中作出硅光电池 U-I 曲线，并进行比较分析。

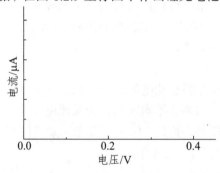

图 1.2.9　硅光电池伏安特性坐标图

（五）硅光电池负载特性测试

（1）组装好光通路组件，用彩排数据线将光源与光源驱动及信号处理模块上接口相连，光源模式 S_2 应处于"静态"，用迭插头线将照度计探头与照度计相连（注意极性），照度计置于 2 klx 挡，电流表置于 200 μA 挡。

（2）按照图 1.2.8 连接电路，R_L 取如表 1.2.4 所列阻值。

（3）打开实验平台电源以及光源驱动电源，调节光照度调节旋钮，依次测得当光照度读数为如表 1.2.4 所示的光照度时的电流并填入表中。

（4）按照表 1.2.4 依次改变电阻阻值，重复上述步骤，完成测量并填入表 1.2.4 中。

表 1.2.4 硅光电池负载特性测试数据列表

电阻	光照度/lx	0	100	200	300	400	500	600
100 Ω	电流/μA							
510 Ω	电流/μA							
1 kΩ	电流/μA							
5.1 kΩ	电流/μA							
10 kΩ	电流/μA							

（5）将光照度调至最小，关闭光源驱动电源及实验平台电源，拆除所有连线。

（6）根据表中所测得数据，在图 1.2.10 坐标图中作出硅光电池的负载特性曲线，并进行比较分析。

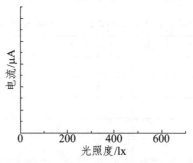

图 1.2.10　硅光电池负载特性坐标图

（六）硅光电池光谱特性测试

（1）组装好光通路组件，用彩排数据线将光源与光源驱动及信号处理模块上接口相连，光源模式 S_2 应处于"静态"，用迭插头线将照度计探头与照度计相连（注意极性），照度计置于 2 klx 挡，电流表置于 200 μA 挡。

（2）按照图 1.2.5 连接电路。

（3）打开实验平台电源及光源驱动电源，缓慢调节光照度调节电位器到最大。通过左切换或右切换开关，将光源输出切换成不同颜色，记录照度计所测数据，找出最小光照度值，计为 E_{min}。依次调节红光、橙光、黄光、绿光、蓝光、紫光使照度计读数为 E_{min} 时，记录下此时通过硅光电池的电流，填入表 1.2.5 中。

表 1.2.5　光谱特性测试数据列表

波长/nm	红（630）	橙（605）	黄（585）	绿（520）	蓝（460）	紫（400）
基准响应度	0.65	0.61	0.56	0.42	0.25	0.06
电流/mA						
相对响应度						

（4）将光照度调至最小，关闭光源驱动电源及实验平台电源，拆除所有连线。

（5）根据表中数据在如图 1.2.11 所示的坐标图中画出硅光电池的光谱特性曲线。

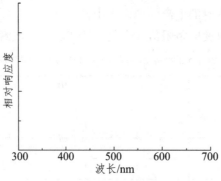

图 1.2.11　硅光电池光谱特性坐标图

（七）硅光电池时间响应特性测试

（1）组装好光通路组件，用彩排数据线将光源与光源驱动及信号处理模块上接口相连，光源模式 S_2 应处于"脉冲"，用迭插头线将照度计探头与照度计相连（注意极性），信号源方波输出接口通过 BNC 线接到方波输入。正弦波输入和方波输入内部是并联的，可以用示波器通过正弦波输入口测量方波信号。照度计置于 2 klx 挡。

（2）按照图 1.2.12 连接电路图，R_L 取 10 kΩ，示波器的测试点应负载电阻两端。

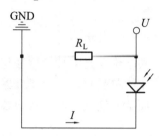

图 1.2.12　硅光电池时间特性测试电路图

（3）打开实验平台电源及光源驱动电源，白光对应的发光二极管亮，其余的发光二极管不亮。观察示波器两个通道信号的变化，并作实验记录（描绘出两个通道的 U-t 曲线）。缓慢调节输入脉冲的信号频率及宽度，观察示波器两个通道信号的变化，并作实验记录（描绘出两个通道的 U-t 曲线）。

（4）关闭光源驱动电源及实验平台电源，拆除所有连线。

五、注意事项

（1）当电压表和电流表显示为"1 _"时说明超过量程，应更换为合适量程。
（2）连线之前保证电源关闭。
（3）实验结束前，将所有电压源和光源驱动电源的输出调到最小。
（4）连线之前保证电源关闭，关闭电源之后再拆除连线。

六、思考题

（1）能否使用其他光电探测器件来设计照度计？并说明原因。
（2）硅光电池工作时为什么要加反向偏压？

实验三　光电二极管特性测试实验

一、实验目的

（1）学习掌握光电二极管的工作原理。
（2）学习掌握光电二极管的基本特性。

（3）掌握光电二极管特性测试的方法。

二、实验仪器

光电子课程综合实训平台、光通路组件、光电二极管及封装组件、迭插头连接线、示波器。

三、实验原理

（一）光电二极管的基本结构及工作原理

光电二极管又称光敏二极管，其结构及光电转换原理与硅光电池基本相同。制造一般光电二极管的材料几乎全部选用硅或锗的单晶材料。由于硅器件较锗器件暗电流、温度系数都小得多，加之制作硅器件采用的平面工艺使其管芯结构很容易精确控制，因此，硅光电二极管得到了广泛应用。

光电二极管的结构和普通二极管相似，只是它的 PN 结装在管壳顶部，光线通过透镜制成的窗口，可以集中照射在 PN 结上，图 1.3.1（a）是其结构示意图。光敏二极管在电路中通常处于反向偏置状态，基本电路如图 1.3.1（b）所示。

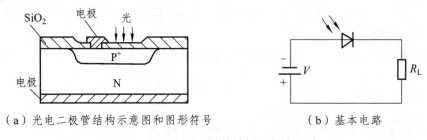

（a）光电二极管结构示意图和图形符号　　　（b）基本电路

图 1.3.1　光电二极管结构及基本电路

我们知道，PN 结加反向电压时，外加电场与内电场方向一致，耗尽区在外电场作用下变宽，使势垒加强，更加不利于多数载流子的扩散运动，但有利于由于温度效应被激发的少数载流子的漂移运动，导致极小的反向电流（暗电流）。反向电流的大小取决于 P 区和 N 区中少数载流子的浓度，无光照时 P 区中少数载流子（电子）和 N 区中的少数载流子（空穴）都很少，因此暗电流很小。

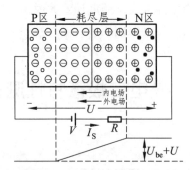

图 1.3.2　光电二极管在反偏电压作用下耗尽区和内电场示意图

但是当光照射 PN 结时，只要光子能量 hv 大于材料的禁带宽度，就会在 PN 结及其附近产生光生电子—空穴对，从而使 P 区和 N 区少数载流子浓度大大增加，它们在外加反向电压和 PN 结内电场作用下定向运动，分别在两个方向上渡越 PN 结，使反向电流明显增大。如果入射光的照度改变，光生电子—空穴对的浓度将相应变动，通过外电路的光电流强度也会随之变动，光敏二极管就把光信号转换成了电信号。

（二）硅光电池的基本特性

光电二极管的伏安特性可用式（1.3.1）表示：

$$I = I_s(e^{\frac{eV}{kT}} - 1) + I_p \qquad\qquad (1.3.1)$$

式（1.3.1）中，I_s 为饱和电流；V 为 PN 结两端电压；T 为绝对温度；I_p 为产生的光电流；I_s 和 I_p 均为反向电流。光电二极管的伏安特性曲线如图 1.3.3 所示，反向偏压状态下的光电二极管，在很大的动态范围内其光电流与偏压和负载电阻几乎无关，入照光照度一定时可视为一个恒流源；而在无偏压工作状态下光电二极管的光电流随负载电阻变化很大，此时它不具有恒流源性质，只起光电池作用，性质与硅光电池类似。

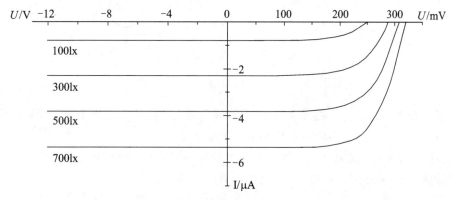

图 1.3.3 光电二极管的伏安特性曲线

反向偏压工作状态下，在外加电压 U 和负载电阻 R_L 的很大变化范围内，光电流仅与入射的光照度有关，且具有很好的线性关系，光电流与光照度的关系称为光照特性，图 1.3.4 显示的是典型光电二极管光照特性曲线。

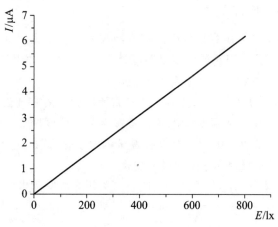

图 1.3.4 光电二极管光照特性曲线

光电二极管的响应度 R 值与入照光波的波长有关，本实验中采用的硅光电二极管，其光谱响应波长在 $0.4 \sim 1.1\,\mu m$，峰值响应波长在 $0.8 \sim 0.9\,\mu m$。

四、实验内容及步骤

（一）光电二极管暗电流测试

由于光电二极管的暗电流非常小，只有纳安数量级，所以在实验操作过程中，对电流表的要求较高。本实验采用电路中串联大电阻的方法，实验装置原理框图如图 1.3.5 所示，图中的 R_L 选为兆欧级大电阻，利用欧姆定律计算出的电路电流即为所测器件的暗电流：$I_暗 = V_暗 / R_L$。

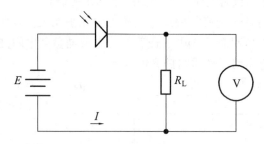

图 1.3.5　光电二极管暗电流测试电路图

（1）组装好光通路组件，将 $0 \sim 15\,V$ 电源调至最大（注意：在下面的实验操作中请不要动电源调节电位器，以保证直流电源输出电压不变）。

（2）按照图 1.3.5 连接电路（光电二极管 P 极对应组件上红色护套插座，N 极对应组件上黑色护套插座），负载 R_L 选为 $20\,M\Omega$，电压表置于 $200\,mV$ 挡。

（3）打开实验平台电源开关，光源驱动电源应处于关闭状态，将光电二极管置于黑暗环境中 $30\,min$ 以上，等电压表读数稳定后测得负载电阻 R_L 上的压降 $V_暗$，则暗电流 $I_暗 = V_暗 / R_L$，所得的电流即为偏置电压为 $15\,V$ 的暗电流。

（4）将直流电源电位器调至最小，关闭实验平台电源，拆除所有连线。

（二）光电二极管光电流测试

（1）组装好光通路组件，用彩排数据线将光源与光源驱动及信号处理模块上接口相连，光源模式 S_2 应处于"静态"，用选插头线将照度计探头与照度计相连（注意极性），照度计置于 $2\,klx$ 挡，电压表置于 $20\,V$ 挡，电流表置于 $200\,\mu A$ 挡。

（2）按照图 1.3.6 连接电路，E 选择 $0 \sim 15\,V$ 直流电源，R_L 取 $1\,k\Omega$。

（3）打开实验平台电源及光源驱动电源，缓慢调节光照度调节电位器，使光照为 $300\,lx$（约为环境光照），缓慢调节直流电源直至电压表显示为 $6\,V$，读出此时电流表的读数，即为光电二极管在偏压为 $6\,V$，光照为 $300\,lx$ 时的光电流。

（4）将光照度调至最小，直流电源调至最小，关闭光源驱动电源及实验平台电源，拆除所有连线。

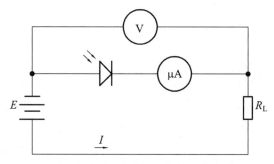

图 1.3.6　光电二极管光电流测试电路图

（二）光电二极管光照特性测试

（1）组装好光通路组件，用彩排数据线将光源与光源驱动及信号处理模块上接口相连，光源模式 S_2 应处于"静态"，用迭插头线将照度计探头与照度计相连（注意极性），照度计置于 2 klx 挡，电压表置于 20 V 挡，电流表置于 200 μA 挡。

（2）按照图 1.3.6 连接电路，E 选择 0～15 V 直流电源，R_L 取 1 kΩ。

（3）打开实验平台电源，使电压表读数显示为 6 V，打开光源驱动电源并调节光照度电位器，依次测试出如表 1.3.1 所列照度的光电流并填入表中。

表 1.3.1　光电二极管光电特性测试数据列表

偏压/V	光照度/lx									
	0	100	200	300	400	500	600	700	800	900
0										
6										

（4）将光照度调至最小，直流电源调至最小，关闭光源驱动电源及实验平台电源，拆除所有连线。

（5）按照图 1.3.7 连接电路（即 0 偏压），重复上述步骤，测量并记录数据。

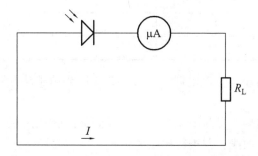

图 1.3.7　光电二极管零偏光照特性测试电路图

（6）将光照度调至最小，直流电源调至最小，关闭光源驱动电源及实验平台电源，拆除所有连线。

（7）根据表 1.3.1 中实验数据，参照图 1.3.8 所示坐标图作出光电二极管的光照特性曲线，并进行比较分析。

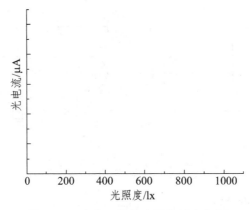

图 1.3.8　光电二极管光照特性坐标图

（四）光电二极管伏安特性

（1）组装好光通路组件，用彩排数据线将光源与光源驱动及信号处理模块上接口相连，光源模式 S_2 应处于"静态"，用迭插头线将照度计探头与照度计相连（注意极性），照度计置于 2 klx 挡，电压表置于 20 V 挡，电流表置于 200 μA 挡。

（2）按照图 1.3.6 连接电路，E 选择 0 ~ 15 V 直流电源，R_L 取 2 kΩ。

（3）打开实验平台电源及光源驱动电源并将光照度设置为 500 lx 不变，调节电源电压，分别测得当电压表读数为如表 1.3.2 所示电压时的光电流并填入表中。（注意：直流电源不可调至高于 20 V，以免烧坏光电二极管）。

（4）重复上述步骤。分别测量光电二极管在 300 lx 和 100 lx 照度下，不同偏压下的光生电流值。

表 1.3.2　光电二极管的伏安特性测试数据列表

光照度/lx	偏压/V						
	0	−2	−4	−6	−8	−10	−12
100							
300							
500							

（5）将光照度调至最小，直流电源调至最小，关闭光源驱动电源及实验平台电源，拆除所有连线。

（6）根据上述实验结果，参照图 1.3.9 所示坐标图分别作出 500 lx、300 lx 和 100 lx 照度下的光电二极管伏安特性曲线，并进行比较分析。

（五）光电二极管光谱特性测试

（1）组装好光通路组件，用彩排数据线将光源与光源驱动及信号处理模块上接口相连，光源模式 S_2 应处于"静态"，用迭插头线将照度计探头与照度计相连（注意极性），照度计置于 2 klx 挡，电压表置于 20 V 挡，电流表置于 200 μA 挡。

（2）按照图 1.3.5 连接电路，E 选择 0 ~ 15 V 直流电源，R_L 取 100 kΩ。

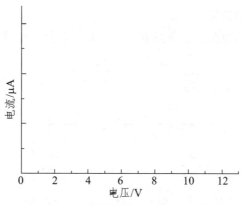

图 1.3.9　光电二极管伏安特性坐标图

（3）打开实验平台电源及光源驱动电源，缓慢调节光照度调节电位器到最大，缓慢调节直流电源到最大。通过左切换或右切换开关，将光源输出切换成不同颜色，记录照度计所测数据，找出最小光照度值，计为 E_{min}。依次调节红光、橙光、黄光、绿光、蓝光、紫光使照度计读数为 E_{min}，记录下此时 R_L 上电压并计算通过光电二极管的电流，填入表 1.3.3 中。

表 1.3.3　光电二极管的光谱特性测试数据列表

波长/nm	红（630）	橙（605）	黄（585）	绿（520）	蓝（460）	紫（400）
基准响应度	0.65	0.61	0.56	0.42	0.25	0.06
R_L 电压/mV						
光电流（U/R）						
响应度						

（4）将光照度调至最小，直流电源调至最小，关闭光源驱动电源及实验平台电源，拆除所有连线。

（5）根据上述结果在图 1.3.10 所示的坐标图中画出光电二极管的光谱特性曲线。

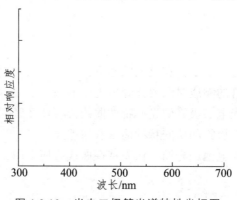

图 1.3.10　光电二极管光谱特性坐标图

（六）光电二极管时间响应特性测试

（1）组装好光通路组件，用彩排数据线将光源与光源驱动及信号处理模块上接口相连，光源模式 S_2 应处于"脉冲"，用迭插头线将照度计探头与照度计相连（注意极性），信号源方波输出接口通过 BNC 线接到方波输入。正弦波输入和方波输入内部是并联的，可以用示波器通过正弦波输入口测量方波信号。

（2）按照图 1.3.11 连接电路，E 选择 0 ~ 15 V 直流电源，R_L 取 200 kΩ，示波器的测试点应为负载电阻两端。

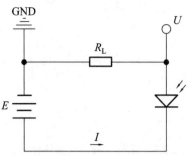

图 1.3.11　光电二极管时间特性测试电路图

（3）打开实验平台电源及光源驱动电源，白光对应的发光二极管亮，其余的发光二极管不亮。观察示波器两个通道信号的变化，并做实验记录（描绘出两个通道的 U-t 曲线）。缓慢调节输入脉冲的信号频率及宽度，观察示波器两个通道信号的变化，并作实验记录（描绘出两个通道的 U-t 曲线）。

（4）关闭光源驱动电源及实验平台电源，拆除所有连线。

五、注意事项

（1）实验之前，请仔细阅读光电综合实训平台说明，弄清实训平台各部分的功能及按键开关的用处。

（2）当电压表和电流表显示为 "1 _" 时说明超过量程，应更换为合适量程。

（3）实验结束前，将所有电压源和光源驱动电源的输出调到最小。

（4）连线之前保证电源关闭，关闭电源之后再拆除连线。

六、思考题

（1）为什么光电二极管一般工作在反偏状态下？

（2）为什么光电二极管的响应时间要比光敏电阻的短？

（3）在不同偏压下，光电二极管的光照特性曲线会有什么区别？

（4）不同照度下光电二极管的伏安特性曲线有何差异？

（5）光电二极管与硅光电池的光照、伏安特性曲线有何不同？

实验四　光电三极管特性测试实验

一、实验目的

（1）学习掌握光电三极管的工作原理。

（2）学习掌握光电三极管的基本特性。

（3）掌握光电三极管特性测试的方法。

二、实验仪器

光电子课程综合实训平台、光通路组件、光电三极管及封装组件、迷你插头连接线、示波器。

三、实验原理

（一）光电三极管的基本结构及工作原理

光电三极管与光电二极管的工作原理基本相同，都是基于内光电效应。为了获得电流增益，光电三极管被设计成具有两个 PN 结的结构，其结构如图 1.4.1（a）所示，它比光电二极管具有更高的灵敏度。

当光电三极管按图 1.4.1（b）所示的电路连接时，它的集电结反向偏置，发射结正向偏置，无光照时仅有很小的穿透电流流过，当光线通过透明窗口照射集电结时，和光电二极管的情况相似，将使流过集电结的反向电流增大，这就造成基区中正电荷的空穴的积累，发射区中的多数载流子（电子）将大量注入基区，由于基区很薄，只有一小部分从发射区注入的电子与基区的空穴复合，而大部分电子将穿过基区流向与电源正极相接的集电极，形成集电极电流。这个过程与普通三极管的电流放大作用相似，它使集电极电流变为原始光电流的 β 倍。这样集电极电流将随入射光照度的改变而更加明显地变化。

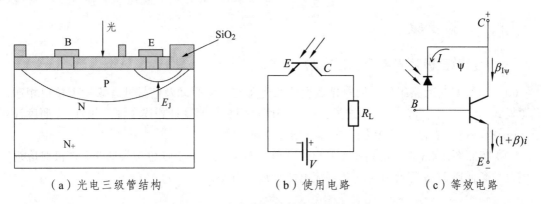

（a）光电三级管结构　　　　（b）使用电路　　　　（c）等效电路

图 1.4.1　光电三极管结构及等效电路

光电三极管可以等效一个光电二极管与另一个一般晶体管基极和集电极并联：集电极-基极产生的电流，输入到三极管的基极再放大。不同之处是，集电极电流（光电流）由集电结上产生的电流控制。集电极起双重作用：把光信号变成电信号起光电二极管作用，使光电流再放大起一般三极管的集电结作用。一般光电三极管只引出 E、C 两个电极，体积小，光电特性是非线性的，广泛应用于光电自动控制，作光电开关应用。

（二）光电三极管的基本特性

光电三极管的伏安特性是指在给定的光照度下光电三极管上的电压与光电流的关系。光电三极管的伏安特性曲线如图 1.4.2（a）所示。

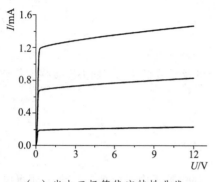 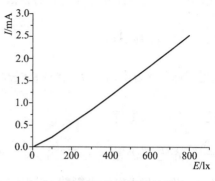

（a）光电三极管伏安特性曲线　　　　　（b）光电三极管光照特性曲线

图 1.4.2　光电三级管伏安特性与光照特性

光电三极管的光照特性反映了当外加电压恒定时，光电流与光照度之间的关系。图 1.4.2（b）给出了光电三极管的光照特性曲线，光电三极管的光电特性曲线的线性度不如光电二极管好，且在弱光时光电流增加较慢。

本实验使用的是硅光电三极管，其光谱特性与光电二极管是相同的。光电三极管受调制光照射时，相对灵敏度与调制频率的关系称为频率特性。减少负载电阻能提高响应频率，但输出降低。一般来说，光电三极管的频响比光电二极管差得多，锗光电三极管的频响比硅管小一个数量级。

四、实验步骤

（一）光电三极管光电流测试实验

（1）组装好光通路组件，用彩排数据线将光源与光源驱动及信号处理模块上接口相连，光源模式 S_2 应处于"静态"，用迭插头线将照度计探头与照度计相连（注意极性），照度计置于 2 klx 挡，电压表置于 20 V 挡，电流表置于 2 mA 挡。

（2）按照图 1.4.3 连接电路图（光电三极管 E 极对应组件上红色护套插座，C 极对应组件上黑色护套插座），E 选择 0～15 V 直流电源，R_L 取 1 kΩ。

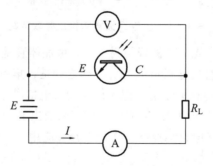

图 1.4.3　光电三极管光电流测试电路图

（3）打开实验平台电源及光源驱动电源，缓慢调节光照度调节电位器，直到光照为 300 lx，缓慢调节直流电源直至电压表显示为 6 V，读出此时电流表的读数，即为光电三极管在偏压为 6 V，光照为 300 lx 时的光电流。

（4）将光照度调至最小，直流电源调至最小，关闭光源驱动电源及实验平台电源，拆除所有连线。

（二）光电三极管光照特性测试

（1）组装好光通路组件，用彩排数据线将光源与光源驱动及信号处理模块上接口相连，光源模式 S_2 应处于"静态"，用迭插头线将照度计探头与照度计相连（注意极性），照度计置于 2 klx 挡，电压表置于 20 V 挡，电流表置于 20 mA 挡。

（2）按照图 1.4.3 连接电路，直流电源选用 0～15 V 可调直流电源，R_L 取 1 kΩ。

（3）打开实验平台电源，使电压表读数显示为 6 V，打开光源驱动电源并调节光照度电位器，依次测试出如表 1.4.1 所列照度的光电流并填入表中。

（4）调节电源电压，使电压表读数显示为 10 V，重复上述步骤，完成测量并填入表 1.4.1 中。

表 1.4.1　光电三极管光电特性测试数据列表

偏压/V	光照度/lx									
	0	100	200	300	400	500	600	700	800	900
0										
6										

（5）将光照度调至最小，直流电源调至最小，关闭光源驱动电源及实验平台电源，拆除所有连线。

（6）根据表中所测得的两组数据，在图 1.4.4 坐标图中画出光电三极管的光电特性曲线并进行比较分析。

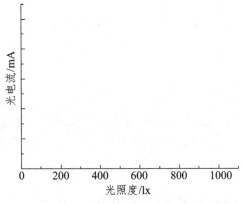

图 1.4.4　光电三极管光照特性坐标图

（三）光电三极管伏安特性

（1）组装好光通路组件，用彩排数据线将光源与光源驱动及信号处理模块上接口相连，光源模式 S_2 应处于"静态"，用迭插头线将照度计探头与照度计相连（注意极性），照度计置于 2 klx 挡，电压表置于 20 V 挡，电流表置于 2 mA 挡。

（2）按图 1.4.3 连接电路，E 选用 0～15 V 直流电压并调至最小，R_L 取 2 kΩ。

（3）打开实验平台电源及光源驱动电源并将光照度设置为 500 lx 不变，调节电源电压，分别测得当电压表读数为如表 1.4.2 所示电压时的光电流并填入表中。（注意：直流电流不可调至高于 30 V，以免烧坏光电三极管）

表 1.4.2　光电三极管伏安特性测试数据列表

光照度/lx	偏压/V										
	0	1	2	3	4	5	6	7	8	9	10
100											
200											
300											

（4）分别改变光源的光照度为 300 lx 和 100 lx，重复上述步骤，完成测量并填入表 1.4.2 中。

（5）将光照度调至最小，直流电源调至最小，关闭光源驱动电源及实验平台电源，拆除所有连线。

（6）根据表中所测得的数据，在图 1.4.5 坐标图中画出光电三极管 U-I 曲线，并进行比较分析。

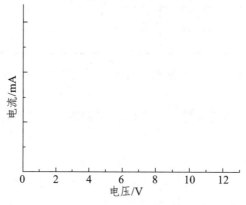

图 1.4.5　光电三极管伏安特性坐标图

（四）光电三极管光谱特性测试

（1）组装好光通路组件，用彩排数据线将光源与光源驱动及信号处理模块上接口相连，光源模式 S_2 应处于"静态"，用迭插头线将照度计探头与照度计相连（注意极性），照度计置于 200 lx 挡，电压表置于 200 mV 挡。将 0～15 V 直流电源输出调节到 10 V，关闭实验平台电源。

（2）按照图 1.4.6 连接电路，E 选择 0～15 V 直流电源，R_L 取 100 kΩ。

（3）打开实验平台电源及光源驱动电源，缓慢调节光照度调节电位器到最大，缓慢调节直流电源到最大。通过左切换或右切换开关，将光源输出切换成不同颜色，记录照度计所测数据，找出最小光照度值，计为 E_{min}。依次调节红光、橙光、黄光、绿光、蓝光、紫光使照度计读数为 E_{min}，记录下此时负载 R_L 上电压并计算通过光电三极管的电流，填入表 1.4.3 中。

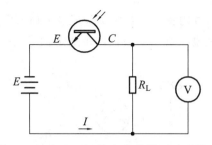

图 1.4.6　光电三极管光谱特性测试电路图

表 1.4.3　光谱特性测试数据列表

波长/nm	红（630）	橙（605）	黄（585）	绿（520）	蓝（460）	紫（400）
基准响应度	0.65	0.61	0.56	0.42	0.25	0.06
R 电压/mV						
光电流（U/R）						
响应度						

（4）将光照度调至最小，直流电源调至最小，关闭光源驱动电源及实验平台电源，拆除所有连线。

（5）根据表中数据在如图 1.4.7 所示的坐标图中画出光电三极管的光谱特性曲线。

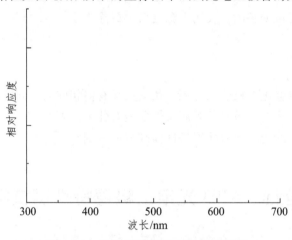

图 1.4.7　光电三极管光谱特性坐标图

（五）光电三极管时间响应特性测试

（1）组装好光通路组件，用彩排数据线将光源与光源驱动及信号处理模块上接口相连，光源模式 S_2 应处于"脉冲"，用选插头线将照度计探头与照度计相连（注意极性），信号源方波输出接口通过 BNC 线接到方波输入。正弦波输入和方波输入内部是并联的，可以用示波器通过正弦波输入口测量方波信号。

（2）按照图 1.4.8 连接电路，E 选择 0～15 V 直流电源，R_L 取 1 kΩ，示波器的测试点应为光电三极管两端。

（3）打开实验平台电源及光源驱动电源，白光对应的发光二极管亮，其余的发光二极管不亮。观察示波器两个通道信号的变化，并作实验记录（描绘出两个通道的 $U\text{-}t$ 曲线）。缓慢调节输入脉冲的信号频率及宽度，观察示波器两个通道信号的变化，并作实验记录（描绘出两个通道的 $U\text{-}t$ 曲线）。

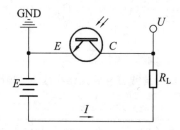

图 1.4.8　光电三极管时间特性测试电路图

（4）关闭光源驱动电源及实验平台电源，拆除所有连线。

五、注意事项

（1）实验之前，请仔细阅读光电综合实训平台说明，弄清实训平台各部分的功能及按键开关的用处。

（2）当电压表和电流表显示为"1＿"时说明超过量程，应更换为合适量程。

（3）实验结束前，将所有电压源和光源驱动电源的输出调到最小。

（4）连线之前保证电源关闭，关闭电源之后再拆除连线。

六、思考题

（1）光电三极管和光电二极管的光照、伏安曲线有何相同与不同之处？为什么？

（2）不同偏压下，光电三极管的光照特性曲线有什么区别？

（3）不同照度下，光电三极管伏安特性曲线有何差别？

实验五　APD 光电二极管特性测试实验

一、实验目的

（1）学习掌握 APD 光电二极管的工作原理。

（2）学习掌握 APD 光电二极管的基本特性。

（3）掌握 APD 光电二极管特性的测试方法。

二、实验仪器

光电子课程综合实训平台、光通路组件、APD 光电二极管及封装组件、迭插头连接线、示波器。

三、实验原理

（一）APD 光电二极管的结构和工作原理

雪崩光电二极管 APD（Avalanche Photo Diode）是具有内部增益的光检测器，它可以用来检测微弱光信号并获得较大的输出光电流。

雪崩光电二极管能够获得内部增益是基于碰撞电离效应。当 PN 结上加高的反向偏压时，耗尽层的电场很强，光生载流子经过时就会被电场加速，当电场强度足够高（约 3×10^5 V/cm）时，光生载流子获得很大的动能，它们在高速运动中与半导体晶格碰撞，使晶体中的原子电离，从而激发出新的电子—空穴对，这种现象称为碰撞电离。碰撞电离产生的电子—空穴对在强电场作用下同样又被加速，重复前一过程，这样多次碰撞电离的结果使载流子迅速增加，电流也迅速增大，这个物理过程称为雪崩倍增效应。

图 1.5.1 为 APD 的一种结构。外侧与电极接触的 P 区和 N 区都进行了重掺杂，分别以 P^+ 和 N^+ 表示；在 I 区和 N^+ 区中间是宽度较窄的另一层 P 区。APD 工作在大的反偏压下，当反偏压加大到某一值后，耗尽层从 N^+-P 结区一直扩展（或称拉通）到 P^+ 区，包括了中间的 P 层区和 I 区。图 1.5.1 的结构为拉通型 APD 的结构。从图中可以看到，电场在 I 区分布较弱，而在 N^+-P 区分布较强，碰撞电离区即雪崩区就在 N^+-P 区。尽管 I 区的电场比 N^+-P 区低得多，但也足够高（可达 2×10^4 V／cm），可以保证载流子达到饱和漂移速度。当入射光照射时，由于雪崩区较窄，不能充分吸收光子，相当多的光子进入了 I 区。I 区很宽，可以充分吸收光子，提高光电转换效率。我们把 I 区吸收光子产生的电子-空穴对称为初级电子-空穴对。在电场的作用下，初级光生电子从 I 区向雪崩区漂移，并在雪崩区产生雪崩倍增；而所有的初级空穴则直接被 P^+ 层吸收。在雪崩区通过碰撞电离产生的电子-空穴对称为二次电子-空穴对。可见，I 区仍然作为吸收光信号的区域并产生初级光生电子-空穴对，此外它还具有分离初级电子和空穴的作用，初级电子在 N^+-P 区通过碰撞电离形成更多的电子-空穴对，从而实现对初级光电流的放大作用。

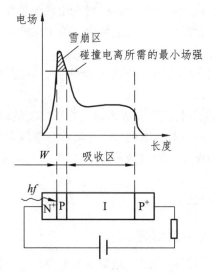

图 1.5.1　APD 的结构及电场分布

（二）APD 光电二极管的参数和特性

碰撞电离产生的雪崩倍增过程本质上是统计性的，即为一个复杂的随机过程。每一个初级光生电子-空穴对在什么位置产生，在什么位置发生碰撞电离，总共碰撞出多少二次电子—空穴对，这些都是随机的。因此与 PIN 光电二极管相比，APD 的特性较为复杂。

APD 的雪崩倍增因子 M 定义为：

$$M=I_P/I_{P0} \tag{1.5.1}$$

式中，I_P 是 APD 的输出平均电流；I_{P0} 是平均初级光生电流。从定义可见，倍增因子是 APD 的电流增益系数。由于雪崩倍增过程是一个随机过程，因而倍增因子是在一个平均之上随机起伏的量，雪崩倍增因子 M 的定义应理解为统计平均倍增因子。M 随反偏压的增大而增大，随 W 的增加按指数增长。

APD 的噪声包括量子噪声、暗电流噪声、漏电流噪声、热噪声和附加的倍增噪声。倍增噪声是 APD 中的主要噪声。

倍增噪声的产生主要与两个过程有关，即光子被吸收产生初级电子-空穴对的随机性以及在增益区产生二次电子—空穴对的随机性。这两个过程都是不能准确测定的，因此 APD 倍增因子只能是一个统计平均的概念，表示为 $<M>$，它是一个复杂的随机函数。

APD 的线性工作范围没有 PIN 宽，它适宜于检测微弱光信号。当光功率达到几 μW 以上时，输出电流和入射光功率之间的线性关系变坏，能够达到的最大倍增增益也降低了，即产生了饱和现象。

APD 的这种非线性转换的原因与 PIN 类似，主要是器件上的偏压不能保持恒定。由于偏压降低，使得雪崩区变窄，倍增因子随之下降，这种影响比 PIN 的情况更明显。它使得数字信号脉冲幅度产生压缩，或使模拟信号产生波形畸变，应设法避免。

在低偏压下，APD 没有倍增效应。当偏压升高时，产生倍增效应，输出信号电流增大。当反向偏压接近某一电压 V_B 时，电流倍增最大，此时称 APD 被击穿，电压 V_B 称作击穿电压。如果反偏压进一步提高，则雪崩击穿电流使器件对光生载流子变的越来越不敏感。因此 APD 的偏置电压接近击穿电压，一般在数十伏到数百伏。须注意的是击穿电压并非是 APD 的破坏电压，撤去该电压后 APD 仍能正常工作。

APD 的暗电流有初级暗电流和倍增后的暗电流之分，它随倍增因子的增加而增加；此外还有漏电流，漏电流没有经过倍增。

APD 的响应速度主要取决于载流子完成倍增过程所需要的时间，载流子越过耗尽层所需的渡越时间以及二极管结电容和负载电阻的 RC 时间常数等因素。而渡越时间的影响相对比较大，其余因素可通过改进结构设计使影响减至很小。

四、实验内容及步骤

（一）APD 光电二极管暗电流测试

（1）组装好光通路组件，不要将光源与光源驱动电源相连，使 APD 光电二极管处于黑暗环境中，电压表置于 2 kV 挡，电流表置于 200 μA 挡。

（2）按照图 1.5.2 连接电路（APD 光电二极管 P 极对应组件上红色护套插座，N 极对应组件上黑色护套插座），E 选择 0～200 V 直流电源，负载 R_L 选为 1 kΩ。

（3）打开实验平台电源开关，将光电器件置于黑暗环境中 30 min 以上，缓慢调节直流电源，直到电流表显示有读数为止，记录此时电压表 U 和电流表的读数 I，I 即为 APD 光电二极管在偏压 U 下的暗电流。

（4）将直流电源电位器调至最小，关闭实验平台电源，拆除所有连线。

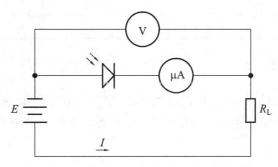

图 1.5.2　APD 光电二极管暗电流测试电路图

（二）APD 光电二极管光电流测试

（1）组装好光通路组件，用彩排数据线将光源与光源驱动及信号处理模块上接口相连，光源模式 S_2 应处于"静态"，用迭插头线将照度计探头与照度计相连（注意极性），照度计置于 2 klx 挡，电压表置于 2 kV 挡，电流表置于 200 μA 挡。

（2）按照图 1.5.2 连接电路，E 选择 0～200 V 直流电源，R_L 取 1 kΩ。

（3）打开实验平台电源及光源驱动电源，缓慢调节光照度调节电位器，使光照为 300 lx（约为环境光照），缓慢调节直流电源电位器，直到电流表示数有较大变化为止，记录此时电压表 U 和电流表的读数 I，I 即为 APD 光电二极管在偏压 U 下照度 300 lx 时的光电流。

（4）将光照度调至最小，直流电源调至最小，关闭光源驱动电源及实验平台电源，拆除所有连线。

（三）APD 光电二极管伏安特性

（1）组装好光通路组件，用彩排数据线将光源与光源驱动及信号处理模块上接口相连，S_2 应处于"静态"，用迭插头线将照度计探头与照度计相连（注意极性），照度计置于 2 klx 光源模式挡，电压表置于 2 kV 挡，电流表置于 200 μA 挡。

（2）按照图 1.5.2 连接电路，E 选择 0～200 V 直流电源，R_L 取 2 kΩ。

（3）打开实验平台电源及光源驱动电源并将光照度设置为 300 lx 不变，调节电源电压，分别测得当电压表读数为如表 1.5.1 所示电压时的光电流并填入表中。（注：在测试过程中应缓慢调节电位器，当反向偏置电压高于雪崩电压时，光生电流会迅速增加，由于 APD 在高于雪崩电压的条件下工作时，PN 结上的偏压很容易产生波动，影响到增益的稳定性，因此产生的光电流不稳定，属于正常现象，在记录结果时，取数量级数值即可。）

（4）重复上述步骤。分别测量 APD 光电二极管在 500 lx 和 100 lx 照度下，不同偏压下的光生电流值，填入表 1.5.1 中。

表 1.5.1　APD 光电二极管伏安特性测试数据列表

光照度（lx）	偏压（V）									
	0	50	100	120	130	140	150	160	170	180
100										
300										
500										

（5）将光照度调至最小，直流电源调至最小，关闭光源驱动电源及实验平台电源，拆除所有连线。

（6）根据上述实验结果，参照图 1.5.3 所示坐标图分别作出 500 lx、300 lx 和 100 lx 照度下的 APD 光电二极管伏安特性曲线，并进行比较分析，找出 APD 光电二极管的雪崩电压。

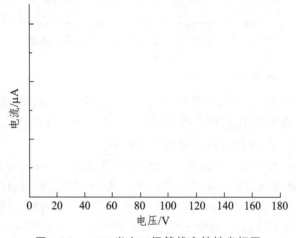

图 1.5.3　APD 光电二极管伏安特性坐标图

（四）APD 光电二极管光照特性

（1）组装好光通路组件，用彩排数据线将光源与光源驱动及信号处理模块上接口相连，光源模式 S_2 应处于"静态"，用迭插头线将照度计探头与照度计相连（注意极性），照度计置于 2 klx 挡，电压表置于 2 kV 挡，电流表置于 200 μA 挡。

（2）按照图 1.5.2 连接电路，E 选择 0 ~ 200 V 直流电源，R_L 取 1 kΩ。

（3）打开实验平台电源，调节直流电源电位器，直到电压表的示数略高于雪崩电压，打开光源驱动电源并调节光照度电位器，依次测试出如表 1.5.2 所列照度的光电流并填入表中。

表 1.5.2　APD 光电二极管光电特性测试数据列表

照度/lx	0	100	200	300	400	500	600	700	800	900
光电流/μA										

（4）将光照度调至最小，直流电源调至最小，关闭光源驱动电源及实验平台电源，拆除所有连线。

（5）根据表 1.5.2 中实验数据，参照图 1.5.4 所示坐标图作出 APD 光电二极管的光照特性曲线。

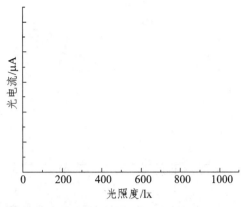

图 1.5.4　APD 光电二极管光照特性坐标图

（五）APD 光电二极管光谱特性测试

（1）组装好光通路组件，用彩排数据线将光源与光源驱动及信号处理模块上接口相连，光源模式 S_2 应处于"静态"，用选插头线将照度计探头与照度计相连（注意极性），照度计置于 2 klx 挡，电压表置于 2 kV 挡，电流表置于 200 μA 挡。

（2）按照图 1.5.2 连接电路，E 选择 0～200 V 直流电源，R_L 取 1 kΩ。

（3）打开实验平台电源及光源驱动电源，缓慢调节光照度调节电位器到最大，调节直流电源电位器，直到电压表的示数略高于雪崩电压。通过左切换或右切换开关，将光源输出切换成不同颜色，记录照度计所测数据，找出最小光照度值，计为 E_{min}。依次调节红光、橙光、黄光、绿光、蓝光、紫光使照度计读数为 E_{min}，记录下此时通过 APD 光电二极管的电流，填入表 1.5.3 中。

表 1.5.3　APD 光电二极管光谱特性测试数据列表

波长/nm	红（630）	橙（605）	黄　（585）	绿（520）	蓝（460）	紫（400）
基准响应度	0.65	0.61	0.56	0.42	0.25	0.06
光电流（μA）						
相对响应度						

（4）将光照度调至最小，直流电源调至最小，关闭光源驱动电源及实验平台电源，拆除所有连线。

（5）根据表中数据在如图 1.5.5 所示的坐标图中画出 APD 光电二极管的光谱特性曲线。

（六）APD 光电二极管时间响应特性测试

（1）组装好光通路组件，用彩排数据线将光源与光源驱动及信号处理模块上接口相连，光源模式 S_2 应处于"脉冲"，用选插头线将照度计探头与照度计相连（注意极性），信号源方波输出接口通过 BNC 线接到方波输入。正弦波输入和方波输入内部是并联的，可以用示波器通过正弦波输入口测量方波信号。

（2）按照图 1.5.6 连接电路，E 选择 0～200 V 直流电源，R_L 取 1 kΩ，示波器的测试点应为负载电阻两端。

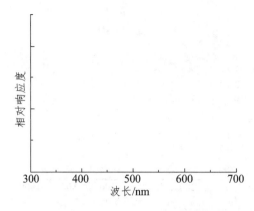

图 1.5.5　APD 光电二极管光谱特性坐标图

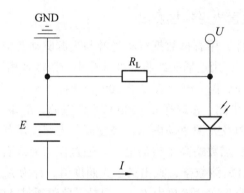

图 1.5.6　APD 光电二极管时间特性测试电路图

（3）打开实验平台电源及光源驱动电源，白光对应的发光二极管亮，其余的发光二极管不亮，调节直流电源电位器，直到电压表的示数略高于雪崩电压。观察示波器两个通道信号的变化，并作实验记录（描绘出两个通道的 U-t 曲线）。缓慢调节输入脉冲的信号频率及宽度，观察示波器两个通道信号的变化，并作实验记录（描绘出两个通道的 U-t 曲线）。

（4）关闭光源驱动电源及实验平台电源，拆除所有连线。

五、注意事项

（1）实验之前，请仔细阅读光电综合实训平台说明，弄清实训平台各部分的功能及按键开关的用处。

（2）当电压表和电流表显示为"1_"时说明超过量程，应更换为合适量程。

（3）实验结束前，将所有电压源和光源驱动电源的输出调到最小。

（4）连线之前保证电源关闭，关闭电源之后再拆除连线。

（5）在实验过程中，请勿将 APD 光电二极管长期工作在雪崩电压以上，以免烧坏 APD 光电二极管，在工业上，APD 光电二极管的工作电压略低于雪崩电压。

（6）由于 APD 雪崩光电二极管的个性差异，不同的 APD 光电二极管的雪崩电压有 0～50 V 差异，测试的数据也有很大差异，属正常现象。

六、 思考题

（1）雪崩发生时噪声的产生与哪些因素有关？
（2）雪崩光电二极管光电流放大与光电三极管有何不同？
（3）与其他几种光电传感器相比，雪崩光电二极管在使用上有何特点？

实验六　PIN 光电二极管特性测试实验

一、 实验目的

（1）学习掌握 PIN 光电二极管的工作原理。
（2）学习掌握 PIN 光电二极管的基本特性。
（3）掌握 PIN 光电二极管特性测试的方法。

二、 实验仪器

光电子课程综合实训平台、光通路组件、PIN 光电二极管及封装组件、迭插头连接线、示波器。

三、 实验原理

（一）PIN 光电二极管的结构和工作原理

PIN 光电二极管的结构如图 1.6.1 所示，在高掺杂 P 型和 N 型半导体之间生长一层本征半导体材料或低掺杂半导体材料（称为 I 层），I 层中形成很宽的耗尽层。由于 I 层有较高的电阻，因此电压基本上降落在该区，使得耗尽层宽度 W 可以得到加宽，并且可以通过控制 I 层的厚度来改变，PIN 光电二极管在反向偏压下电场分布间图 1.6.1。探测光从 P 型半导体表面入射，对于高掺杂的 N 型薄层，产生于其中的光生载流子将很快被复合掉，因此这一层仅是为了减少接触电阻而加的附加层。

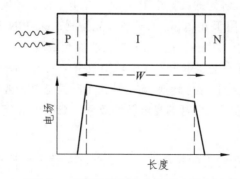

图 1.6.1　PIN 光电二极管的结构和它在反向偏压下的电场分布

要使入射光功率有效地转换成光电流，首先必须使入射光能在耗尽层内被吸收，这要求

耗尽层宽度 W 足够宽。但是随着 W 的增大，在耗尽层的载流子渡越时间 τ_{cr} 也会增大，τ_{cr} 与 W 的关系为

$$\tau_{cr} = W / v \qquad (1.6.1)$$

式中，v 为载流子的平均漂移速度。由于 τ_{cr} 增大，PIN 的响应速度将会下降。因此耗尽层宽度 W 需在响应速度和量子效率之间进行优化。

如采用类似于半导体激光器中的双异质结构，则 PIN 的性能可以大为改善。在这种设计中，P 区、N 区和 I 区的带隙能量的选择，使得光吸收只发生在 I 区，完全消除了扩散电流的影响。在光纤通信系统的应用中，常采用 InGaAs 材料制成 I 区和 InP 材料制成 P 区及 N 区的 PIN 光电二极管，图 1.6.2 为它的结构。InP 材料的带隙为 1.35 eV，大于 InGaAs 的带隙，对于波长在 1.3 ~ 1.6 µm 范围的光是透明的，而 InGaAs 的 I 区对 1.3 ~ 1.6 µm 的光表现为较强的吸收，几微米的宽度就可以获得较高响应度。在器件的受光面一般要镀增透膜以减弱光在端面上的反射。InGaAs 的光探测器一般用于 1.3 µm 和 1.55 µm 的光纤通信系统中。

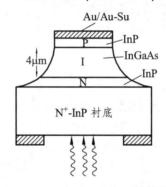

图 1.6.2　InGaAs PIN 光电二极管的结构

（二）PIN 光电二极管的参数和特性

从光电二极管的工作原理可以知道，只有当光子能量 hf 大于半导体材料的禁带宽度 E_g 才能产生光电效应，即

$$hf > E_g \qquad (1.6.2)$$

因此对于不同的半导体材料，均存在着相应的下限频率 f_c 或上限波长 λ_c，λ_c 亦称为光电二极管的截止波长。只有入射光的波长小于 λ_c 时，光电二极管才能产生光电效应。Si-PIN 的截止波长为 1.06 µm，故可用于 0.85 µm 的短波长光检测；Ge-PIN 和 InGaAs-PIN 的截止波长为 1.7 µm，所以它们可用于 1.3 µm、1.55 µm 的长波长光检测。

当入射光波长远远小于截止波长时，光电转换效率会大大下降。因此，PIN 光电二极管是对一定波长范围内的入射光进行光电转换，这一波长范围就是 PIN 光电二极管的波长响应范围。

响应度和量子效率表征了二极管的光电转换效率。响应度 R 定义为

$$R = I_P / P_{in} \qquad (1.6.3)$$

其中：P_{in} 为入射到光电二极管上的光功率，I_P 为在该入射功率下光电二极管产生的光电流。R 的单位为 A/W。

量子效率 η 定义为：

η＝光电转换产生的有效电子—空穴对数/入射光子数

$\quad =（I_{\mathrm{p}}/q）/（P_{\mathrm{in}}/hf）$

$\quad =R（hf/q）$ （1.6.4）

响应速度是光电二极管的一个重要参数。响应速度通常用响应时间来表示。响应时间为光电二极管对矩形光脉冲的响应——电脉冲的上升或下降时间。响应速度主要受光生载流子的扩散时间、光生载流子通过耗尽层的渡越时间及其结电容的影响。

光电二极管的线性饱和指的是它有一定的功率检测范围，当入射功率太强时，光电流和光功率将不成正比，从而产生非线性失真。PIN 光电二极管有非常宽的线性工作区，当入射光功率低于 mW 量级时，器件不会发生饱和。

无光照时，PIN 作为一种 PN 结器件，在反向偏压下也有反向电流流过，这一电流称为PIN 光电二极管的暗电流。它主要由 PN 结内热效应产生的电子—空穴对形成。当偏置电压增大时，暗电流增大。当反向偏压增大到一定值时，暗电流激增，发生了反向击穿（即为非破坏性的雪崩击穿，如果此时不能尽快散热，就会变为破坏性的齐纳击穿）。发生反向击穿的电压值称为反向击穿电压。Si-PIN 的典型击穿电压值为 100 多伏。PIN 工作时的反向偏置都远离击穿电压，一般为 10～30 V。

四、实验内容及步骤

（一）PIN 光电二极管暗电流测试

由于 PIN 光电二极管的暗电流非常小，只有 nA 数量级，所以在实验操作过程中，对电流表的要求较高。本实验中，采用电路中串联大电阻的方法，实验装置原理框图如图 1.6.3 所示，图中的 R_{L} 选为 MΩ 级大电阻，利用欧姆定律计算出的电路电流即为所测器件的暗电流：$I_{暗}=V_{暗}/R_{\mathrm{L}}$。

（1）组装好光通路组件，将 0～15 V 电源调至最大（注意：在下面的实验操作中请不要动电源调节电位器，以保证直流电源输出电压不变）。

（2）按照图 1.6.3 连接电路（光电二极管 P 极对应组件上红色护套插座，N 极对应组件上黑色护套插座），负载 R_{L} 选为 20 MΩ，电压表置于 200 mV 挡。

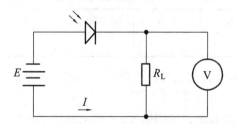

图 1.6.3　PIN 光电二极管暗电流测试电路图

（3）打开实验平台电源开关，光源驱动电源应处于关闭状态，将光电器件置于黑暗环境中 30 min 以上，等电压表读数稳定后测得负载电阻 R_{L} 上的压降 $V_{暗}$，则暗电流 $I_{暗}=V_{暗}/R_{\mathrm{L}}$，所得的电流即为偏置电压为 15 V 左右的暗电流。

（4）将直流电源电位器调至最小，关闭实验平台电源，拆除所有连线。

（二）PIN 光电二极管光电流测试

（1）组装好光通路组件，用彩排数据线将光源与光源驱动及信号处理模块上接口相连，S_2 应处于"静态"，用送插头线将照度计探头与照度计相连（注意极性），照度计置于 2 klx 挡，电压表置于 20 V 挡，电流表置于 200 μA 挡。

（2）按照图 1.6.4 连接电路，E 选择 0 ~ 15 V 直流电源，R_L 取 1 kΩ。

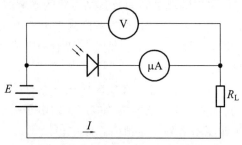

图 1.6.4　PIN 光电二极管光电流测试电路图

（3）打开实验平台电源及光源驱动电源，缓慢调节光照度调节电位器，使光照为 300 lx（约为环境光照），缓慢调节直流电源直至电压表显示为 6 V，读出此时电流表的读数，即为 PIN 光电二极管在偏压 6 V，光照 300 lx 时的光电流。

（4）将光照度调至最小，直流电源调至最小，关闭光源驱动电源及实验平台电源，拆除所有连线。

（三）PIN 光电二极管光照特性

（1）组装好光通路组件，用彩排数据线将光源与光源驱动及信号处理模块上接口相连，S_2 应处于"静态"，用送插头线将照度计探头与照度计相连（注意极性），照度计置于 2 klx 挡，电压表置于 20 V 挡，电流表置于 200 μA 挡。

（2）按照图 1.6.4 连接电路，E 选择 0 ~ 15 V 直流电源，R_L 取 1 kΩ。

（3）打开实验平台电源，使电压表读数显示为 15 V，打开光源驱动电源并调节光照度电位器，依次测试出如表 1.6.1 所列照度的光电流并填入表中。

表 1.6.1　PIN 光电二极管光照特性测试数据列表

光照度/lx	0	100	300	500	700	900
光生电流/μA						

（4）将光照度调至最小，直流电源调至最小，关闭光源驱动电源及实验平台电源，拆除所有连线。

（5）根据表 1.6.1 中实验数据，参照图 1.6.5 所示坐标图作出 PIN 光电二极管的光照特性曲线，并进行分析。

（四）PIN 光电二极管伏安特性

（1）组装好光通路组件，用彩排数据线将光源与光源驱动及信号处理模块上接口相连，S_2 应处于"静态"，用送插头线将照度计探头与照度计相连（注意极性），照度计置于 2 klx 挡，电压表置于 20 V 挡，电流表置于 200 μA 挡。

（2）按照图 1.6.4 连接电路，E 选择 $0 \sim 15$ V 直流电源，R_L 取 1 kΩ。

（3）打开实验平台电源及光源驱动电源并将光照度设置为 500 lx 不变，调节电源电压，分别测得当电压表读数为如表 1.6.2 所示电压时的光电流并填入表中。（注意：偏置电压不能长时间高于 30 V，以免使 PIN 光电二极管劣化。）

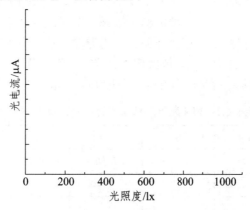

图 1.6.5　PIN 的光电二极管光照特性坐标图

表 1.6.2　PIN 光电二极管的伏安特性测试数据列表

光照度/lx	偏压/V						
	0	−2	−4	−6	−8	−10	−15
100							
300							
500							

（4）重复上述步骤。分别测量 PIN 光电二极管在 300 lx 和 100 lx 照度下，不同偏压下的光生电流值。

（5）将光照度调至最小，直流电源调至最小，关闭光源驱动电源及实验平台电源，拆除所有连线。

（6）根据上述实验结果，参照图 1.6.6 所示坐标图分别作出 500 lx、300 lx 和 100 lx 照度下的 PIN 光电二极管伏安特性曲线，并进行比较分析。

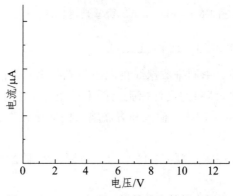

图 1.6.6　PIN 光电二极管伏安特性坐标图

（五）PIN光电二极管光谱特性测试

（1）组装好光通路组件，用彩排数据线将光源与光源驱动及信号处理模块上接口相连，S_2应处于"静态"，用选插头线将照度计探头与照度计相连（注意极性），照度计置于 2 klx 挡，电压表置于 20 V 挡，电流表置于 200 μA 挡。

（2）按图 1.6.3 连接电路，E 选择 0 ~ 15 V 直流电源，R_L 取 100 kΩ。

（3）打开实验平台电源及光源驱动电源，缓慢调节光照度调节电位器到最大，缓慢调节直流电源到最大。通过左切换或右切换开关，将光源输出切换成不同颜色，记录照度计所测数据，找出最小光照度值，计为 E_{min}。依次调节红光、橙光、黄光、绿光、蓝光、紫光使照度计读数为 E_{min}，记录下此时 R_L 两端电压并计算通过 PIN 光电二极管的电流，填入表 1.6.3 中。

表 1.6.3　PIN 光电二极管光谱特性测试数据列表

波长/nm	红（630）	橙（605）	黄（585）	绿（520）	蓝（460）	紫（400）
基准响应度	0.65	0.61	0.56	0.42	0.25	0.06
R_L 电压/mA						
光电流/μA						
相对响应度						

（4）将光照度调至最小，直流电源调至最小，关闭光源驱动电源及实验平台电源，拆除所有连线。

（5）根据表中数据在如图 1.6.7 所示的坐标图中画出 PIN 光电二极管的光谱特性曲线。

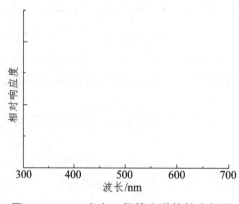

图 1.6.7　PIN 光电二极管光谱特性坐标图

（六）PIN光电二极管时间响应特性测试

（1）组装好光通路组件，用彩排数据线将光源与光源驱动及信号处理模块上接口相连，S_2应处于"脉冲"，用选插头线将照度计探头与照度计相连（注意极性），信号源方波输出接口通过 BNC 线接到方波输入。正弦波输入和方波输入内部是并联的，可以用示波器通过正弦波输入口测量方波信号。

（2）按图 1.6.8 连接电路，E 选择 0 ~ 15 V 直流电源，R_L 取 200 kΩ，示波器的测试点应为负载电阻两端。

（3）打开实验平台电源及光源驱动电源，白光对应的发光二极管亮，其余的发光二极管不亮。观察示波器两个通道信号的变化，并作实验记录（描绘出两个通道的 U-t 曲线）。缓慢调节输入脉冲的信号频率及宽度，观察示波器两个通道信号的变化，并作实验记录（描绘出两个通道的 U-t 曲线）。

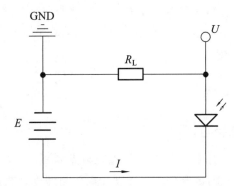

图 1.6.8　PIN 光电二极管时间特性测试电路

（4）关闭光源驱动电源及实验平台电源，拆除所有连线。

五、注意事项

（1）实验之前，请仔细阅读光电综合实训平台说明，弄清实训平台各部分的功能及按键开关的用处。

（2）当电压表和电流表显示为"1 _"时说明超过量程，应更换为合适量程。

（3）实验结束前，将所有电压源和光源驱动电源的输出调到最小。

（4）连线之前保证电源关闭，关闭电源之后再拆除连线。

六、思考题

（1）为什么 PIN 光电二极管比普通光电二极管响应速度快得多?

实验七　色敏传感器特性测试实验

一、实验目的

（1）了解色敏器件的工作原理。
（2）了解色敏器件的基本特性。
（3）掌握色敏器件基本特性的测试方法。

二、实验仪器

光电子课程综合实训平台、光通路组件、光电二极管及封装组件、迭插头连接线、示波器。

三、实验原理

色敏传感器是半导体光敏器件的一种。它也是基于半导体的内光效应，将光信号变成为电信号的光辐射探测器件。但是不管是光电导器件还是光生伏特效应器件，它们检测的都是在一定波长范围内光的强度，或者说光子的数目。而半导体色敏器件则可用来直接测量从可见光到近红外波段内单色辐射的波长。半导体色敏传感器相当于两只结构不同的光电二极管的组合，故又称双结光电二极管。

四、实验内容及步骤

（一）色敏二极管光照特性测试

（1）组装好光通路组件，用彩排数据线将光源与光源驱动及信号处理模块上接口相连，光源模式 S_2 应处于"静态"，用选插头线将照度计探头与照度计相连（注意极性），照度计置于 2 klx 挡，电流表置于 200 μA 挡。

（2）按照图 1.7.1 连接电路。

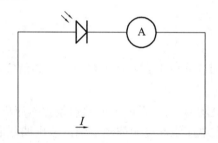

图 1.7.1 色敏二极管光照特性测试电路图

（3）打开实验平台电源及光源驱动电源，调节光照度调节旋钮，依次测试出如表 1.7.1 所列照度下的电流并填入表中。

表 1.7.1 色敏二极管光照特性测试数据列表

光照度/Lx	0	100	200	300	400	500	600	700	800
电流/mA									

（4）将光照度调至最小，关闭光源驱动电源及实验平台电源，拆除所有连线。

（5）根据表 1.7.1 中实验数据，参照图 1.7.2 所示坐标图作出色敏二极管的光照特性曲线。

（二）色敏二极管光谱特性测试

（1）组装好光通路组件，用彩排数据线将光源与光源驱动及信号处理模块上接口相连，光源模式 S_2 应处于"静态"，用选插头线将照度计探头与照度计相连（注意极性），照度计置于 2 klx 挡，电流表置于 200 μA 挡。

（2）按照图 1.7.1 连接电路。

（3）打开实验平台电源及光源驱动电源，缓慢调节光照度调节电位器到最大。通过左切换或右切换开关，将光源输出切换成不同颜色，记录照度计所测数据，找出最小光照度值，计为 E_{min}。依次调节红光、橙光、黄光、绿光、蓝光、紫光使照度计读数为 E_{min} 时，记录下此时通过色敏二极管的电流，填入表 1.7.2。

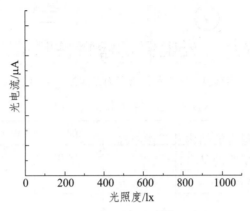

图 1.7.2　色敏二极管光照特性坐标图

表 1.7.2　色敏二极管光谱特性测试数据列表

波长/nm	红（630）	橙（605）	黄（585）	绿（520）	蓝（460）	紫（400）
基准响应度	0.65	0.61	0.56	0.42	0.25	0.06
电压/mV						
相对响应度						

（4）将光照度调至最小，关闭光源驱动电源及实验平台电源，拆除所有连线。

（5）根据表中数据在如图 1.7.3 所示的坐标图中画出色敏二极管的光谱特性曲线。

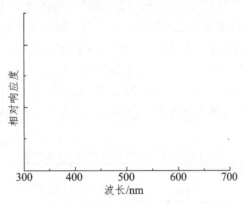

图 1.7.3　色敏二极管光谱特性坐标图

五、注意事项

（1）当电压表和电流表显示为"1_"时说明超过量程，应更换为合适量程。

（2）连线之前保证电源关闭。

（3）实验结束前，将所有电压源和光源驱动电源的输出调到最小。

（4）连线之前保证电源关闭，关闭电源之后再拆除连线。

六、思考题

（1）如何利用色敏传感器判断入射光波长？

实验八　光电倍增管特性测试实验

一、实验目的

（1）学习掌握光电倍增管的结构及工作原理。
（2）学习掌握光电倍增管的基本特性。
（3）学习掌握光电倍增管基本参数的测量方法。

二、实验仪器

光电子课程综合实训平台、光通路组件、光电倍增管及封装组件、迷你插头连接线、示波器。

三、实验原理

（一）光电倍增管的结构和工作原理

光电倍增管（PMT）是一种具有极高灵敏度和超快时间响应的光探测器件。典型的光电倍增管如图 1.8.1 所示，在真空管中，包括光电发射阴极（光阴极）和聚焦电极、电子倍增极和电子收集极（阳极）。当光照射光电倍增管的阴极时，阴极向真空中激发出光电子（一次激发），这些光电子按聚焦极电场进入倍增系统，由倍增电极激发的电子（二次激发）被下一倍增极的电场加速，飞向该极并撞击在该极上再次激发出更多的电子，这样通过逐级的二次电子发射得到倍增放大，放大后的电子被阳极收集作为信号输出。因为采用了二次发射倍增系统，光电倍增管在可以探测到紫外、可见和近红外区的辐射能量的光电探测器件中具有极高的灵敏度和极低的噪声。光电倍增管还有快速响应、低本底、大面积阴极等特点。

图 1.8.1　端窗型光电倍增管剖面图

本实验仪采用的是端窗型光电倍增管来设计的。下面将讲解光电倍增管结构的主要特点和基本使用特性。

一般情况下，端窗型（Head-on）和侧窗型（Side-on）结构的光电倍增管都有一个光阴极。侧窗型的光电倍增管，从玻璃壳的侧面接收入射光，而端窗型光电倍增管是从玻璃壳的顶部接收入射光。通常情况下，侧窗型光电倍增管价格较便宜，并在分光光度计和通常的光度测定方面有广泛的使用。大部分的侧窗型光电倍增管使用了不透明光阴极（反射式光阴极）和环形聚焦型电子倍增极结构，这使其在较低的工作电压下具有较高的灵敏度。

端窗型（也称作顶窗型）光电倍增管在其入射窗的内表面上沉积了半透明光阴极（透过式光阴极），使其具有优于侧窗型的均匀性。端窗型光电倍增管的特点还包括它拥有从几十平方毫米到几百平方厘米的光阴极。端窗型光电倍增管中还有针对高能物理实验用的，可以广角度捕集入射光的大尺寸半球形光窗的光电倍增管。

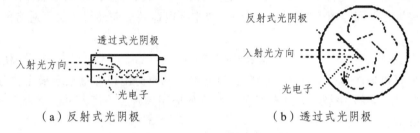

（a）反射式光阴极　　　　　　　　　（b）透过式光阴极

图 1.8.2　光电倍增管阴极类型

光电倍增管的优异的灵敏度（高电流放大和高信噪比）得益于基于多个排列的二次电子发射系统的使用，它使电子低噪声的条件下得到倍增。电子倍增系统包括从 8 至 19 极的被叫做打拿极或倍增极的电极。现在使用的电子倍增系统主要有以下几类：（1）环形聚焦型，（2）盒栅型，（3）直线聚焦型，（4）百叶窗型，（5）细网型，（6）微通道板（MCP）型，（7）金属通道型。

（二）供电电路

（1）电源的连接方式

光电倍增管的供电方式有两种，即负高压接法（阴极接电源负高压，电源正端接地）和正高压接法（阳极接电源正高压，而电源负端接地）。

正高压接法的特点是可使屏蔽光、磁、电的屏蔽罩直接与管子外壳相连，甚至可制成一体，因而屏蔽效果好，暗电流小，噪声水平低。但这时阳极处于正高压，会导致寄生电容增大。如果是直流输出，则不仅要求传输电路能耐高压，而且后级的直流放大器也处于高电压，会产生一系列的不便；如果是交流输出，则需通过耐高压、噪声小的隔直电容。

负高压接法的优点是便于与后面的放大器连接，且既可以直流输出，又可以交流输出，操作安全方便。缺点在于因玻壳的电位与阴极电位相近，屏蔽罩应至少离开管子玻壳 1 ~ 2 cm，这样系统的外形尺寸就增大了。否则由于静电屏蔽的寄生影响，暗电流与噪声都会增大。

（2）分压器

从光电阴极到阳极的所有电极用串联的电阻分压供电，使管内各极间能形成所需的电场。光电倍增管的极间电压的分配一般由图 1.8.3 所示的串联电阻分压器执行的，最佳的极间电压分配取决于三个因素：阳极峰值电流、允许的电压波动以及允许的非线性偏离。

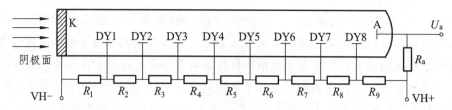

图 1.8.3　光电倍增管的分压电路

① 极间电压的分配。

光电倍增管的极间电压可按前极区、中间区和末极区加以考虑。前极区的收集电压必须足够高，以使第一倍增极有高的收集率和大的次极发射系数，中间极区的各极间通常具有均匀分布的极间电压，以使管子获得最佳的增益。由于末极区各极，特别是末极区取较大的电流，所以末极区各极间电压不能过低，以免形成空间电荷效应而使管子失去应有的直线性。

② 分压电流。

当阳极电流增大到能与分压器电流相比拟时，将会导致末极区间电压的大幅度下降，从而使光电倍增管出现严重的非线性。为防止极间电压的再分配以保证增益稳定，分压器电流至少为最大阳极电流的 10 倍。对于线性要求很高的应用场合，分压器电流至少为最大阳极平均电流的 100 倍。

③ 分压电阻。

确定了分压器的电流，就可以根据光电倍增管的最大阳极电压算出分压器的总电阻，再按适当的极电压分配，由总电阻计算出分压电阻的阻值。

（3）输出电路

光电倍增管的输出是电荷，且其阳极几乎可作为一个理想的电流发生器考虑，因此输出电流与负载阻抗无关。但实际上，对负载的输入阻抗却存在着一个上限，因为负载电阻上电压明显地降低末级倍增极与阳极之间的电压，因而会降低放大倍数，致使光电特性偏离线性。

① 直流输出电路。对于直流信号，光电倍增管的阳极能产生达数十伏的输出电压，因此可使用大的负载电阻。检流计或电子微电流计可直接接至阳极，此时就不再需要串接负载电阻。

② 脉冲输出电路。光电倍增管输出电压的相应等电路是电流源与负载电阻 R_L 和输出电容 C_L 并联的电路。

阳极电路对地的电容 C_L 起着 R_L 的旁路作用从而使出波形畸变，对于宽度很窄的脉冲，时间常数 $\tau = RC$ 应远小于光脉冲的宽度。

（三）光电倍增管的特性和参数

光电倍增管的特性参数包括灵敏度、电流增益、光电特性、阳极特性、暗电流、时间响应特性、光谱特性等。下面介绍本实验涉及到的特性和参数。

（1）灵敏度

由于测量光电倍增管的光谱响应特性需要精密测试系统和很长的时间，所以提供给用户每一支光电倍增管的光谱响应特性不现实，所以我们提供阴极和阳极的光照灵敏度。阴极光照灵敏度是一定光照情况下，每单位通量入射光产生的阴极光电子电流。阳极光照灵敏度是每单位阴极上的入射光通量产生的阳极输出电流（经过二次发射极倍增后）。

阴极和阳极的光照灵敏度都是以 A/lm（安培/流明）为单位，请注意，流明是在可见光区的光通量的单位，所以对于光电倍增管的可见光区以外的光照灵敏度数值可能是没有实际意义的（对于这些光电倍增管，常常使用蓝光灵敏度和红白比来表示）。

灵敏度是衡量光电倍增管探测光信号能力的一个重要参数，一般是指积分灵敏度，即白光灵敏度。光电倍增管的灵敏度一般包括阴极灵敏度、阳极灵敏度。

① 阴极灵敏度 S_K

阴极光照灵敏度 S_K 是指光电阴极本身的积分灵敏度。定义为光电阴极的光电流 I_k 除以入射光通量 Φ

$$S_k = \frac{I_k}{\Phi} (A / lm) \tag{1.8.1}$$

入射到阴极 K 的光照度为 E，光电阴极的面积为 A，则光电倍增管接受到的光通量为：

$$\Phi = E \cdot A \tag{1.8.2}$$

由式（1.8.1）和（1.8.2）可以计算出阴极灵敏度，入射到光电阴极的光通量不能太大，否则由于光电阴极层的电阻损耗会引起测量误差。光通量也不能太小，否则由于欧姆漏电流影响光电流的测量精度，通常采用的光通量的范围为 $10^{-5} \sim 10^{-2}$ lm。

② 阳极光照灵敏度 S_p

阳极光照灵敏度 S_p 是指光电倍增管在一定工作电压下阳极输出电流与照射阴极上光通量的比值

$$S_p = \frac{I_p}{\Phi} (A / lm) \tag{1.8.3}$$

它是一个经过倍增后的整管参数，在测量时为保证光电倍增管处于正常的线性工作状态，光通量要取得比测阴极灵敏度时小，一般在 $10^{-10} \sim 10^{-5}$ lm 的数量级。

（2）放大倍数（电流增益）G

光阴极发射出来的光电子被电场加速撞击到第一倍增极，以便发生二次电子发射，产生多于光电子数目的电子流。这些二次电子发射的电子流又被加速撞击到下一个倍增极产生又一次的二次电子发射，连续地重复这一过程，直到最末倍增极的二次电子发射被阳极收集，从而达到了电流放大的作用。这时可以观测到，光电倍增管的阴极产生的很小的光电子电流，已经被放大成较大的阳极输出电流。

放大倍数 G（电流增益）定义为在一定的入射光通量和阳极电压下，阳极电流 I_p 与阴极电流 I_K 间的比值。

$$G = \frac{I_p}{I_K} \tag{1.8.4}$$

放大倍数 G 主要取决于系统的倍增能力，因此它也是工作电压的函数。由于阳级灵敏度包含了放大倍数的贡献，于是放大倍数也可以由在一定工作电压下阳极灵敏度和阴极灵敏度的比值来确定，即

$$G = \frac{S_p}{S_K} \tag{1.8.5}$$

（3）阳极伏安特性

当光通量 Φ 一定时，光电倍增管阳极电流 I_p 和阳极与阴极间的总电压 V_H 之间的关系为阳极伏安特性，如图 1.8.4 所示。光电倍增管的增益 G 与二次倍增极电压 E 之间的关系为

$$G = (bE)^n \qquad\qquad （1.8.6）$$

其中 n 为倍增极数；b 为与倍增极材料有关的常数。所以阳极电流 I_p 随总电压增加而急剧上升。使用管子时注意阳极电压的选择。另外由阳极伏安特性可求增益 G 的数值。

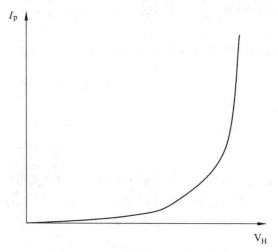

图 1.8.4　光电倍增管阳极伏安曲线

（4）光电特性

光电倍增管的光电特性定义为在一定的工作电压下，阳极输出电流 I_p 与光通量之间的曲线关系。

（5）光谱特性

光电倍增管的阴极将入射光的能量转换为光电子。其转换效率（阴极灵敏度）随入射光的波长而变。这种光阴极灵敏度与入射光波长之间的关系叫做光谱响应特性。图 1.8.5 给出了典型光阴极材料光谱响应曲线图。光谱响应特性的长波端取决于光阴极材料，短波端则取决于入射窗材料。长波端的截止波长，对于双碱阴极和 Ag-O-Cs 阴极的光电倍增管定义为其灵敏度降至峰值灵敏度的 1%点，多碱阴极则定义为峰值灵敏度的 0.1%。

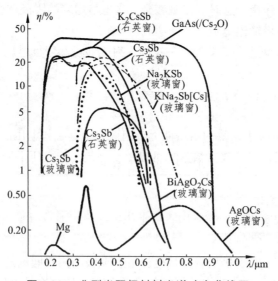

图 1.8.5　典型光阴极材料光谱响应曲线图

上图中光谱响应特性曲线为典型值，对于每一支光电倍增管来讲，真实的数据可能会略有差异。

（6）时间特性

光电倍增管的渡越时间，定义为光电子从光电阴极发射经过倍增极达到阳极的时间。由于光电子在倍增过程中的统计性质以及电子的初速效应和轨道效应，从阴极同时发出的电子到达阳极的时间是不同的，即存在渡越时间分散。因此，输出信号相对于输入信号会出现展宽和延迟现象，这就是光电倍增管的时间特性。

四、实验内容及步骤

（一）光电倍增管阳极灵敏度测试

（1）组装好光通路组件，用彩排数据线将光源与光源驱动及信号处理模块上接口相连，光源模式 S_2 应处于"静态"，用选插头线将照度计探头与照度计相连（注意极性），照度计置于 200 lx 挡，电压表置于 2 kV 挡。

（2）将电源模块 PMT 高压输出的一个接口与光电倍增管结构上的高压输入用 BNC 线连接起来，另一个接口与电压表的高压输入相连。用 BNC 线将光电倍增管的信号输出与光源驱动及信号处理模块的电流输入相连，将光源驱动及信号处理模块上开关 S_1 拨到"电流测试"。光电倍增管组件上阴阳极切换开关拨至"阳极"。

（3）将"光照度调节"电位器和高压幅度调节电位器调到最小值，打开实验平台电源，打开光源驱动电源并调节光照度电位器，使照度计显示值为 0.5 lx，保持光照度不变，缓慢调节电压调节旋钮至电压表显示负 400 V，记下此时电流表的显示值。

（4）根据所测试的数据，按照公式 $S_p = I_p / \phi$（A/lm）计算阳极灵敏度。其中 $\phi = E \cdot A$（本实验仪上光电倍增管的光阴极直径为 10 mm，光通量约为 10^{-5} lm）。

（5）将高压调节旋钮逆时针调节到零，将光照度调节旋钮逆时针调节到零，关闭电源开关，拆除连接电缆放置原处。（如需继续做下面的实验内容，可不拆除）

（二）光电倍增管放大倍数（电流增益）测试

（1）组装好光通路组件，用彩排数据线将光源与光源驱动及信号处理模块上接口相连，光源模式 S_2 应处于"静态"，用选插头线将照度计探头与照度计相连（注意极性），照度计置于 200 lx 挡，电压表置于 2 kV 挡。

（2）将电源模块 PMT 高压输出的一个接口与光电倍增管结构上的高压输入用 BNC 线连接起来，另一个接口与电压表的高压输入相连。用 BNC 线将光电倍增管的信号输出与光源驱动及信号处理模块的电流输入相连，将光源驱动及信号处理模块上开关 S_1 拨到"电流测试"。光电倍增管组件上阴阳极切换开关拨至"阴极"。将"光照度调节"电位器和高压幅度调节电位器调到最小值，打开实验平台电源，打开光源驱动电源并调节光照度电位器，使照度计显示值为 0.5 lx，保持光照度不变，缓慢调节电压调节旋钮至电压表显示负 80 V，记下此时电流表的显示值，该值即为光电倍增管在相应电压下时的阴极电流（I_k）。（注意：在测试阴极电流时，阴极电压调节请勿超过 200 V，以免烧坏光电倍增管）

（3）将"光照度调节"电位器调到最小值，结构件上阴阳极切换开关拨至"阳极"。

（4）缓慢调节"光照度调节"电位器，使照度计显示值为 0.5 lx，保持光照度不变，缓慢调节电压调节旋钮至电压表显示负 400 V，记下此时电流表的显示值（I_p）。利用公式 $G = I_p / I_k$，计算出光照度为 0.5 lx 时，阳级电压为 400 V 时的放大倍数。

（5）将高压调节旋钮逆时针调节到零，将光照度调节旋钮逆时针调节到零，关闭电源开关，拆除连接电缆放置原处。（如需继续做下面的实验内容，可不拆除）

（三）光电倍增管阳极光照特性测试

（1）组装好光通路组件，用彩排数据线将光源与光源驱动及信号处理模块上接口相连，光源模式 S_2 应处于"静态"，用迷插头线将照度计探头与照度计相连（注意极性），照度计置于 200 lx 挡，电压表置于 2 kV 挡。

（2）将电源模块 PMT 高压输出的一个接口与光电倍增管结构上的高压输入用 BNC 线连接起来，另一个接口与电压表的高压输入相连。用 BNC 线将光电倍增管的信号输出与光源驱动及信号处理模块的电流输入相连，将光源驱动及信号处理模块上开关 S_1 拨到"电流测试"。光电倍增管组件上阴阳极切换开关拨至"阳极"。

（3）将"光照度调节"电位器和高压幅度调节电位器调到最小值，打开实验平台电源，缓慢调节电压调节旋钮至电压表显示负 200 V，保持电压不变，打开光源驱动电源并调节光照度电位器，使照度计显示值依次如表 1.8.1，记下对应照度下电流表的显示值，并填入表中。

（4）根据上述的操作步骤，测试阳极电压在负 250 V 时所对应照度的阳极电流值并填入下表中。

表 1.8.1　光电倍增管光电特性测试数据列表

光照/lx	0	0.5	1	1.5	2	2.5	3	3.5	4
电流 1/μA									
电流 2/μA									

（5）将高压幅度调节旋钮逆时针调节到零，将光照度调节旋钮逆时针调节到零，关闭电源开关，拆除连接电缆放置原处。（如需继续做下面的实验内容，可不拆除。）

（6）根据表中所测试的数据，参照图 1.8.6 在同一坐标图中描绘光电倍增管在两种电压下的阳极电流-光照度曲线关系，即为阳极光电特性曲线。

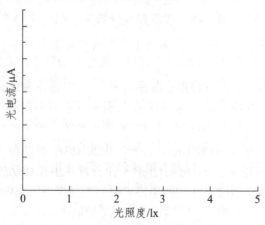

图 1.8.6　光电倍增管光电特性坐标图

（四）光电倍增管阳极伏安特性测试

（1）组装好光通路组件，用彩排数据线将光源与光源驱动及信号处理模块上接口相连，光源模式 S_2 应处于"静态"，用迭插头线将照度计探头与照度计相连（注意极性），照度计置于 200 lx 挡，电压表置于 2 kV 挡。

（2）将电源模块 PMT 高压输出的一个接口与光电倍增管结构上的高压输入用 BNC 线连接起来，另一个接口与电压表的高压输入相连。用 BNC 线将光电倍增管的信号输出与光源驱动及信号处理模块的电流输入相连，将光源驱动及信号处理模块上开关 S_1 拨到"电流测试"。光电倍增管组件上阴阳极切换开关拨至"阳极"。

（3）将"光照度调节"电位器和高压幅度调节电位器调到最小值，打开实验平台电源，打开光源驱动电源并调节光照度电位器，使照度计显示值为 0.5 lx，保持光照度不变，缓慢调节电压调节旋钮使电压表显示值依次按照表 1.8.2 取值，记下电流表对应的显示值并填入表中。

（4）根据上述的操作步骤，分别测试光照度在 1 lx，1.5 lx 时所对应电压的阴极电流值并填入表 1.8.2 中。

表 1.8.2　光电倍增管伏安特性测试数据列表

电压/V	0	50	100	150	200	250	300	350	400
电流 1/nA									
电流 2/nA									
电流 3/nA									

（5）将高压幅度调节旋钮逆时针调节到零；将光照度调节旋钮逆时针调节到零，关闭电源开关，拆除连接电缆放置原处。（如需继续做下面的实验内容，可不拆除）

（6）根据表中所测试的数据，参照图 1.8.7 在同一坐标图中描绘光电倍增管在三种光照下的阳极电流-电压特性曲线，即为阳极伏安特性曲线。

（五）光电倍增管光谱特性测试

（1）组装好光通路组件，用彩排数据线将光源与光源驱动及信号处理模块上接口相连，光源模式 S_2 应处于"静态"，用迭插头线将照度计探头与照度计相连（注意极性），照度计置于 200 lx 挡，电压表置于 2 kV 挡。

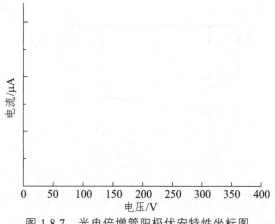

图 1.8.7　光电倍增管阳极伏安特性坐标图

（2）将电源模块 PMT 高压输出的一个接口与光电倍增管结构上的高压输入用 BNC 线连接起来，另一个接口与电压表的高压输入相连。用 BNC 线将光电倍增管的信号输出与光源驱动及信号处理模块的电流输入相连，将光源驱动及信号处理模块上开关 S_1 拨到"电流测试"。光电倍增管组件上阴阳极切换开关拨至"阳极"。

（3）将"光照度调节"电位器和高压幅度调节电位器调到最小值，打开实验平台电源，打开光源驱动电源并调节光照度电位器，使照度计显示值为 0.5 lx，保持光照度不变，缓慢调节电压调节旋钮至电压表显示负 300 V，通过左切换和右切换可以选择不同颜色的光源。分别测试不同颜色的光在 0.5 lx 的照度下的电流值，填入表 1.8.3 中。

表 1.8.3　光电倍增管光谱特性测试数据列表

波长/nm	红光（630）	橙光（605）	黄光（585）	绿光（520）	蓝光（460）	紫光（400）
基准响应度	0.65	0.61	0.56	0.42	0.25	0.06
电流/nA						

（4）将高压幅度调节旋钮逆时针调节到零，将光照度调节旋钮逆时针调节到零，关闭电源开关，拆除连接电缆放置原处。

（5）根据表中所测试的数据，参照图 1.8.8 在同一坐标图中描绘光电倍增管的光谱特性曲线。

（六）光电倍增管时间特性测试

（1）组装好光通路组件，用彩排数据线将光源与光源驱动及信号处理模块上接口相连，光源模式 S_2 应处于"静态"，用迭插头线将照度计探头与照度计相连（注意极性），照度计置于 200 lx 档，电压表置于 2 kV 档。

（2）将电源模块 PMT 高压输出的一个接口与光电倍增管结构上的高压输入用 BNC 线连接起来，另一个接口与电压表的高压输入相连。用 BNC 线将光电倍增管的信号输出与光源驱动及信号处理模块的电流输入相连，将光源驱动及信号处理模块上开关 S_1 拨到"信号测试"。光电倍增管组件上阴阳极切换开关拨至"阳极"。用双踪示波器探头分别连接到信号测试接口和波形输入接口。

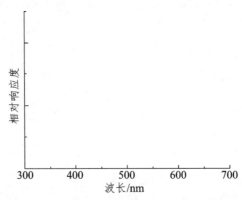

图 1.8.8　光电倍增管光谱特性坐标图

（3）将高压幅度调节电位器调到最小值，打开实验平台电源，打开光源驱动电源，缓慢调节电压调节旋钮增大电压，观察两路信号在示波器中的显示。

（4）缓慢增加电压至 200 V，观察两路信号在示波器中的显示，调节"信号源脉宽调节"旋钮，观察实验现象，并作出相应的实验记录。

（5）将高压调节旋钮逆时针调节到零，关闭电源开关，拆除连接电缆放置原处，实验完成。

五、注意事项

（1）在做光电倍增管实验时，光通路组件的七色光源前面必须加上白色亚克力板。

（2）在开启电源之前，首先要检查各输出旋钮是否已调到最小。打开电源后，一定要预热 1 分钟后再输出高压，关机与开机程序相反。

（3）光电倍增管对光的响应极为灵敏。因此，在没有完全隔绝外界干扰光的情况下，切勿对管施加工作电压，否则会导致管内倍增极的损坏。

（4）测量阴极电流时，加在阴极与第一倍增级之间的电压不可超过 200 V，测量阳极电流时，阳极电压不可超过 1 000 V，否则容易损坏光电倍增管。

（5）不要用手触摸光电倍增管的阴极面，以免造成光电倍增管透光率下降。

（6）阴极和阳极之间在切换时，首先必须把电压调节到零。

（7）请勿随意将光通路组件中的光电倍增管卸下暴露于强光中，以免使光电倍增管老化。

（8）未经指导老师许可，不得擅自打开光电倍增管的主机箱，内部装有光电倍增管的高压包，以免发生触电事故。

六、思考题

（1）光电倍增管产生暗电流的原因有哪些？暗电流对信号检测有何影响？在使用时如何减少暗电流？

（2）光电倍增管中倍增极有哪几种结构？每一种的主要特点是什么？

（3）如何选择倍增极之间的级间电压？

（4）为什么光电倍增管仅用于测量微弱辐射？

实验一　LED 物性综合实验

一、实验目的

（1）学习掌握 LED 电学特性：*I-V* 特性。

（2）学习掌握 LED 光学特性：光通量。

（3）学习掌握 LED 热学特性：PN 结的温度对 LED 的光学参数的影响。

（4）学习掌握 LED 光谱特性。

二、实验仪器

光电子课程综合实训平台、LED 组件、探头组件、迭插头连接线。

三、实验原理

（一）LED 结构与发光原理

LED 是英文 light emitting diode（发光二极管）的缩写，它属于固态光源，其基本结构是一块电致发光的半导体的晶片，晶片的一端附在一个支架上，一端是负极，另一端连接电源的正极，使整个晶片被环氧树脂封装起来，起到保护内部芯线的作用（图 2.1.1）。

半导体晶片由两部分组成，一部分是 P 型半导体，在这里面空穴占主导地位，另一端是 N 型半导体，在这里面电子占主导地位。但这两种半导体连接起来的时候，它们之间会形成一个 P-N 结。跨过此 PN 结，电子从 N 区扩散到 P 区，而空穴则从 P 区扩散到 N 区。作为这一相互扩散的结果，在 PN 结处形成了一个高度为 $e\Psi_0$ 的势垒，阻止电子和空穴的进一步扩散，达到平衡状态，见图 2.1.2（a）。当外加足够高的直流电压 V，且 P 区接正极，N 区接负极时，电子和空穴将克服在 PN 结处的势垒，分别流向 P 区和 N 区。在 PN 结处，电子与空穴相遇复合，电子由高能级跃迁到低能级，电子将多余的能量将以发射光子的形式释放出来，产生电致发光现象，这就是 LED 发光的原理图 2.1.2（b）。改变半导体的能带隙，从而就可以发出从紫外到红外不同波长的光线，且发光的强弱与注入电流有关。

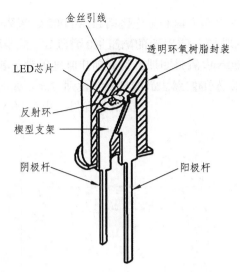

图 2.1.1　发光二极管的结构简图

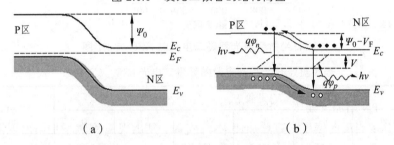

（a）　　　　　　　　　　　（b）

图 2.1.2　发光二极管的能带原理图

LED 光源具有使用低压电源、耗能少、适用性强、稳定性高、响应时间短、对环境无污染、多色发光等的优点，虽然价格较现有照明器材昂贵，仍被认为是不可替代的现有照明器件。

LED 的内在特征决定了它是最理想的光源去代替传统的光源，它有着广泛的用途。

（1）体积小，LED 基本上是一块很小的晶片被封装在环氧树脂里面，所以它非常的小，非常的轻。

（2）耗电量低，LED 耗电非常低，一般来说 LED 的工作电压是 2～3.6 V。工作电流是 0.02～0.03 A。这就是说：它消耗的电不超过 0.1 W。

（3）使用寿命长，在恰当的电流和电压下，LED 的使用寿命可达 10 万小时。

（4）高亮度、低热量、环保，LED 由无毒的材料作成，不像荧光灯含水银会造成污染，同时 LED 也可以回收再利用。

（5）坚固耐用，LED 被完全的封装在环氧树脂里面，它比灯泡和荧光灯管都坚固。灯体内也没有松动的部分，这些特点使得 LED 可以说是不易损坏的。

（二）LED 主要参数与特性

LED 是利用化合物材料制成 PN 结的光电器件。它具备 PN 结结型器件的电学特性：伏安特性、C-V 特性和光学特性：光谱响应特性、发光光强指向特性、时间特性以及热学特性。

（1）伏安特性。

LED 的伏安特性具有非线性、单向导电性，外加正偏压表现低接触电阻，反之为高接触电阻，如图 2.1.3 所示。根据电压方向和工作区间，LED 伏安特性曲线可以分为四个区间。

正向死区：（图 oa 或 oa'段）a 点对应的电压 V_a 为开启电压，当 $V < V_a$，外加电场尚克服不少因载流子扩散而形成势垒电场，此时 R 很大，开启电压对于不同 LED 其值不同，GaAs 为 1 V，红色 GaAsP 为 1.2 V，GaP 为 1.8 V，GaN 为 2.5 V。

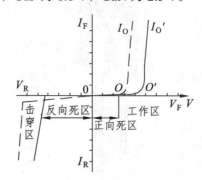

图 2.1.3　发光二极管的伏安特性曲线

正向工作区：电流 I_F 与外加电压呈指数关系

$$I_F = I_s(e^{eV_F/kT} - 1) \qquad\qquad (2.1.1)$$

I_S 为反向饱和电流。

反向死区：PN 结加反偏压，电流很小。

反向击穿区：当反向偏压一直增加使 $V < -V_R$ 时，则出现 I_R 突然增加而出现击穿现象，V_R 称为反向击穿电压，I_R 为反向漏电流。由于所用化合物材料种类不同，各种 LED 的反向击穿电压 V_R 也不同。

（2）LED 的发光特性。

发光强度是表征发光器件发光强弱的重要性能。LED 大量应用要求是圆柱、圆球封装，由于凸透镜的作用，故都具有很强指向性，位于法向方向光强最大，其与水平面交角为 90°。当偏离正法向不同 θ 角度，光强也随之变化。发光强度随着不同封装形状而强度依赖角方向。发光强度的角分布 I_θ 是描述 LED 发光在空间各个方向上光强分布。它主要取决于封装的工艺（包括支架、模粒头、环氧树脂中添加散射剂与否）。图 2.1.4 是两种不同 LED 发光角度分布示意图。

LED 的光谱特性是发光强度或光功率输出随着波长变化关系。LED 的光谱分布与制备所用化合物半导体种类、性质及 PN 结结构（外延层厚度、掺杂杂质）等有关，而与器件的几何形状、封装方式无关。图 2.1.5 绘出几种由不同化合物半导体及掺杂制得 LED 光谱响应曲线。

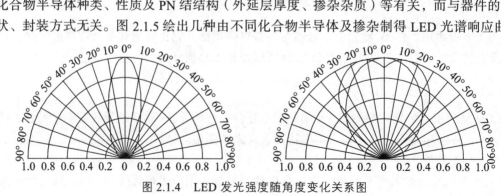

图 2.1.4　LED 发光强度随角度变化关系图

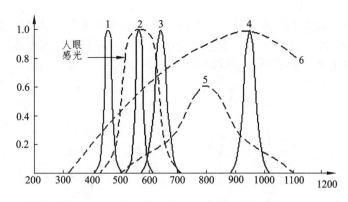

图 2.1.5　典型 LED 的光谱特性曲线图

其中 1 是蓝色 InGaN/GaN 发光二极管，发光谱峰 $\lambda p = 460 \sim 465$ nm；

2 是绿色 GaP：N 的 LED，发光谱峰 $\lambda p = 550$ nm；

3 是红色 GaP：Zn-O 的 LED，发光谱峰 $\lambda p = 680 \sim 700$ nm；

4 是红外 LED 使用 GaAs 材料，发光谱峰 $\lambda p = 910$ nm；

5 是 Si 光电二极管，通常作光电接收用；

6 是标准钨丝灯的谱线。

由图可见，无论什么材料制成的 LED，都有一个相对光强度最强处（光输出最大），与之相对应有一个波长，此波长叫峰值波长，用 λ_p 表示。只有单色光才有 λ_p 波长。

谱线宽度：在 LED 谱线的峰值两侧 $\pm\Delta\lambda$ 处，存在两个光强等于峰值（最大光强度）一半的点，此两点分别对应 $\lambda_p - \Delta\lambda$，$\lambda_p + \Delta\lambda$ 之间宽度叫谱线宽度，也称半功率宽度或半高宽度。半高宽度反映谱线宽窄，即 LED 单色性的参数，LED 半宽小于 40 nm。

主波长：有的 LED 发光不单是单一色，即不仅有一个峰值波长；甚至有多个峰值，并非单色光。为此描述 LED 色度特性而引入主波长。主波长就是人眼所能观察到的，由 LED 发出主要单色光的波长。单色性越好，则 λ_p 也就是主波长。如 GaP 材料可发出多个峰值波长，而主波长只有一个，它会随着 LED 长期工作，结温升高而主波长偏向长波。

（三）温度特性

LED 的光学参数与 PN 结结温有很大的关系。一般工作在小电流 $I_F < 10$ mA，或者 $10 \sim 20$ mA 长时间连续点亮 LED 温升不明显。若环境温度较高，LED 的主波长或 λp 就会向长波长漂移，B_0 也会下降，尤其是点阵、大显示屏的温升对 LED 的可靠性、稳定性影响应专门设计散射通风装置。

LED 的主波长随温度关系可表示为：

$$\lambda_p(T') = \lambda_0(T_0) + \Delta T \times 0.1 \text{ nm/°C} \tag{2.1.2}$$

其中 $\Delta T = T - T_0$，由式可知，每当结温升高 10 °C，则波长向长波漂移 1 nm，且发光的均匀性、一致性变差。这对于作为照明用的灯具光源要求小型化、密集排列以提高单位面积上的光强、光亮度的设计尤其应注意用散热好的灯具外壳或专门通用设备，确保 LED 长期工作。

四、实验内容及步骤

（一）不同温度下伏安特性及发光特性测试

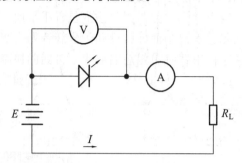

图 2.1.6　LED 伏安特性测试电路图

（1）用 BNC 转选插头连接线连接照度计表头。

（2）按图 2.1.6 连接电路，E 选择 0~15 V 直流电源，R_L 取 510 Ω。

（3）打开实验平台电源，调节 0~15 V 直流电源幅度调节旋钮和温控仪，依次测出如表 2.1.1 所列温度及电流条件下的 LED 两端的电压值并填入下表。

表 2.1.1　不同温度下伏安特性及发光特性测试数据表

电流/mA	2	4	6	8	10	12	14	16	18	20
20 ℃ 电压/V										
20 ℃ 照度/lx										
30 ℃ 电压/V										
30 ℃ 照度/lx										
40 ℃ 电压/V										
40 ℃ 照度/lx										
50 ℃ 电压/V										
50 ℃ 照度/lx										
60 ℃ 电压/V										
60 ℃ 照度/lx										
70 ℃ 电压/V										
70 ℃ 照度/lx										
80 ℃ 电压/V										
80 ℃ 照度/lx										

（4）将温度调至最小，直流电源调至最小，关闭光源驱动电源及实验平台电源，拆除所有连线。

（5）根据测试所得到数据，在图 2.1.7 坐标系中画出光敏电阻的伏安特性曲线和发光特性曲线。

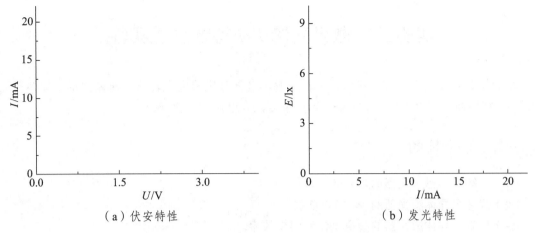

（a）伏安特性　　　　　　　　　　　（b）发光特性

图 2.1.7　发光二极管的伏安特性与发光特性坐标图

（二）光谱特性测量

（1）用彩排数据线将光源与光源驱动及信号处理模块上接口相连，光源模式 S_2 应处于"静态"。

（2）将光纤光谱仪与电脑用 USB 数据线相连，打开测量软件，把红色光源对准光纤光谱仪测量输入口。

（3）打开实验平台电源，打开光源驱动电源并调节光照度电位器，从光纤光谱仪测量软件中读取峰值波长和谱线宽度，填入表 2.1.2 中。

（4）将光源输出切换成不同颜色，按照步骤（3），测量对应的峰值波长和谱线宽度并且填入表 2.1.2 中。

表 2.1.2　发光二极管光谱特性测试数据列表

波长/nm	红（630）	橙（605）	黄（585）	绿（520）	蓝（460）	紫（400）
峰值波长（nm）						
谱线宽度（nm）						

五、注意事项

（1）实验之前，请仔细阅读光电综合实训平台说明，弄清实训平台各部分的功能及按键开关的用处。

（2）当电压表和电流表显示为"1_"时说明超过量程，应更换为合适量程。

（3）实验结束前，将所有电压源和光源驱动电源的输出调到最小。

（4）连线之前保证电源关闭，关闭电源之后再拆除连线。

（5）当显示温度达到目标温度后，需要等几分钟，待稳定后再读取电压。

六、思考题

（1）温度对 LED 的伏安特性及 $P\text{-}I$ 特性有何影响，分析其原因。

实验二　激光光源 *P-I* 特性测量实验

半导体激光器是半导体二极管的一种，基本功能是完成电光转化。通过测量半导体激光器的 *P-I* 特性曲线可以得出 LD 的输出光功率与注入电流的变化规律。

一、实验目的

（1）了解半导体激光器的发光变化过程。
（2）测量半导体激光器的 *P-I* 特性曲线。
（3）计算半导体激光器的阈值电流和斜率效率。

二、实验仪器

半导体激光器、功率计。

三、实验原理

（一）发光的变化过程

图 2.2.1 是理想半导体激光器的 *P-I* 特性曲线。

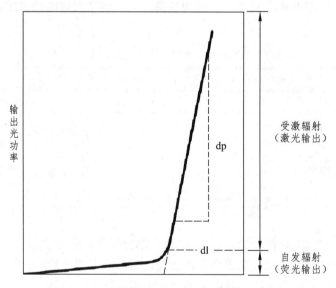

图 2.2.1　理想半导体激光器的 *P-I* 特性曲线

由图 2.2.1 可以看出，理想半导体激光输出光功率随驱动电流的变化经历三个阶段，第一阶段：半导体激光器驱动电流较小时，有源区内不能实现粒子数反转分布，自发辐射占主导地位，半导体激光器发射光强很小、光谱很宽的荧光，其工作原理与一般发光二极管类似。第二阶段：半导体激光器驱动电流增加且小于阈值电流时，有源区内实现离子数反转分布，受激辐射占主导地位，谐振腔的增益小于损耗，不能够在谐振腔内建立起模式震荡，半导体激光器发出较强的荧光。第三阶段：激光器驱动电流达到阈值，激光器发出激光。当激光器的驱动电流超过阈值电流时，发射的光功率与电流呈线性关系。

（二）阈值电流

在 *P-I* 曲线中，激光器由自发辐射到受激辐射时的临界驱动电流称为阈值电流，阈值电流是半导体激光器增益与损耗的动态平衡点，驱动电流大于阈值电流时半导体激光器出现净增益出射激光。阈值电流是半导体激光器区别于发光二极管的明显特征之一，驱动电流在在阈值电流以下时，激光器会发出黯淡的荧光。

（三）斜率效率

激光器额定光功率的 10%和 90%对应的光功率差值 ΔP 与相应工作电流的差值 ΔI 的比值称为斜率效率。

$$斜率效率 = \frac{\Delta P}{\Delta I} = \frac{P_b - P_a}{I_b - I_a}$$

（2.2.1）

四、实验内容及步骤

（1）按图 2.2.2 所示搭建实验光路。

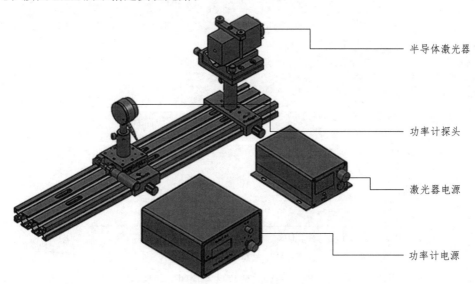

半导体激光器

功率计探头

激光器电源

功率计电源

图 2.2.2 *P-I* 特性测量实验光路图

（2）打开激光器，逐渐增大激光器驱动电流至激光器发出激光，调节功率计探头位置，让激光束垂直照射在功率计探头的靶心位置。

（3）逐渐调节半导体激光器驱动电流至零，关闭激光器电源。打开功率计，设置测量波长为 650 nm、R5 位，功率计调零。

（4）打开激光器，以 2 mA 为间隔调节激光器驱动电流，测量每一电流值对应的光功率，记录数据于表 2.2.1。

（5）测量激光器最大输出光功率值 P_a 和对应的电流值 I_a，最大输出功率 10%的光功率值 P_b 和对应的电流值 I_b，记录在表 2.2.2。

表 2.2.1　激光光源 P-I 特性测量实验数据列表

电流（mA）	2.0	4.0	6.0	8.0	10.0	12.0
功率（mW）						
电流（mA）	14.0	16.0	18.0	20.0	22.0	24.0
功率（mW）						

表 2.2.2　斜率效率测量实验数据列表

光功率值 P_a/mW	光功率值 P_b/mW	电流 I_a/mA	电流 I_b/mA	斜率效率/（W/A）

（6）在图 2.2.3 中绘制 P-I 特性曲线，计算斜率效率。

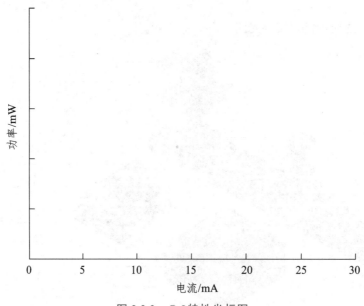

图 2.2.3　P-I 特性坐标图

五、注意事项

（1）本实验所用光源为 650 nm 激光器，切忌不可将激光打入人眼或长时间接触身体，防止激光灼伤。

（2）注意切勿用手直接接触光纤的陶瓷插芯，避免污染。如果污染了，应用酒精清洁棉片进行擦洗。

（3）实验时不可将光纤输出端对准自己或别人的眼睛，以免损伤眼睛。

（4）不要用力拉扯光纤，光纤弯曲半径一般不小于 30 mm，否则可能导致光纤折断。

（5）实验完毕，将所有的电压输出归零，切断电源，整理线路。

六、思考题

（1）与发光二极管相比，激光二极管的 P-I 特性有何特点，试阐述其原因。

（2）试分析用功率计测量激光二极管输出功率误差产生的原因。

（3）半导体激光器为什么会存在阈值电流，阈值电流与哪些因素有关？

实验三　氦氖激光谐振腔调整与功率测量实验

氦氖激光器是研制成功的第一种气体激光器，由激光放电管、谐振腔和激励电源三部份组成。其工作原理是以四能级方式工作的，产生激光的是氖原子，氦原子只是把它吸收的能量共振转移给氖原子，起很好的媒介作用。当氦氖原子气体在放电管中时，通过碰撞使电子激发，氦原子由基态跃迁到亚稳态能级，处于这一能级的原子与氖原子碰撞时，将能量传递给氖原子，使其向不同的能态跃迁，通过受激辐射产生不同波长的激光。最常用的一种，通常在可见光频段（6328Å）工作，其他还有 1.15 μm 及 3.39 μm，但不常用。激光功率一般约数毫瓦，连续发光。因为制造方便、便宜、可靠，所以使用较多。由于单色性好，相干长度可达数十米以致数百米。

一、实验目的

（1）理解激光谐振原理。

（2）掌握激光谐振腔的调节方法。

（3）学会测量激光光斑功率大小。

二、实验仪器

氦氖半外腔激光器、氦氖激光器电源、十字叉丝板、功率计、导轨、滑块、套筒、支杆等。

三、实验原理

氦氖激光器（简称 He-Ne 激光器）由光学谐振腔（输出镜与全反镜）、工作物质（密封在玻璃管里的氦气、氖气）、激励系统（激光电源）构成。对 He-Ne 激光器而言增益介质就是在毛细管内按一定的气压充以适当比例的氦氖气体，当氦氖混合气体被电流激励时，与某些谱线对应的上下能级的粒子数发生反转，使介质具有增益。介质增益与毛细管长度、内径粗细、两种气体的比例、总气压以及放电电流等因素有关。对谐振腔而言，腔长要满足频率的驻波条件，谐振腔镜的曲率半径要满足腔的稳定条件。总之腔的损耗必须小于介质的增益，才能建立激光振荡。

（一）氦氖激光器的三种结构类型

内腔式 He-Ne 激光器的腔镜封装在激光管两端。

半外腔 He-Ne 激光器，其结构原理图如 2.3.1 所示，放电管 T 的右端和输出腔镜 M2 封接，左端是一布儒斯特窗片，偏振平行于入射面的光无损耗的通过布儒斯特窗，因此输出光为平行于入射面的线偏振光。调节 M1，使之与 M2 严格平行，激光器出光，获得大功率输出。

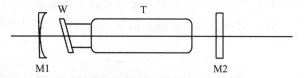

图 2.3.1　氦氖半外腔激光器原理图

外腔式 He-Ne 激光器的结构原理图如 2.3.2 所示，激光管、输出镜及全反镜是安装在调节支架上。调节支架能调节输出镜与全反镜之间平行度，使激光器工作时处于输出镜与全反镜相互平行且与放电管垂直的状态。在激光管的阴极、阳极上串接着镇流电阻，防止激光管在放电时出现闪烁现象。

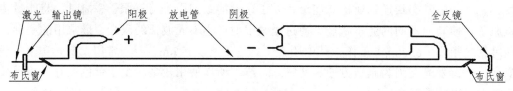

图 2.3.2　氦氖外腔激光器原理图

氦氖激光器激励系统采用开关电路的直流电源，体积小，份量轻，可靠性高，可长时间运行。

（二）氦氖激光中单模激光器的输出功率

激光稳定后，其饱和增益系数应等于总损耗系数，即：

$$G(v, I_v) = a - \frac{1}{2l}\ln(R_1 R_2) \tag{2.3.1}$$

a 为除反射镜损耗外其他的总损耗系数，l 为放电管长度，R_1 和 R_2 分别为两反射镜的反射率。

一般情况下，He-Ne 激光器的一端为全反射，另一端为部分反射，设透过率为 T，忽略反射镜的吸收和散射损耗时，$R_2 = 1 - T$。由于 He-Ne 激光器的 T 和 a 都很小，则有：

$$-\ln(R_1 R_2) = -\ln(1 - T) \approx T \tag{2.3.2}$$

及

$$a_c = 1 - e^{-2al} \approx 2al \tag{2.3.3}$$

a_c 是除透射损耗外，光在谐振腔内往返一次的总损耗百分数。

He-Ne 激光器中，损耗有以下几种：

（1）谐振腔反射镜的吸收和散射损耗。

（2）全反射镜的透射损耗。

（3）腔内光学元件（如布儒斯特窗片）带来的附加损耗。

（4）光通过毛细管后的衍射损耗。

（5）谐振腔调整得不好造成的损耗。

将（2.3.1）式作近似代换后得到

$$2G(v,I_v)l = a_c + T \tag{2.3.4}$$

将此式带入到上节的增益系数公式，就可以在 a_c 和 T 已知的情况下求出。于是输出功率也就确定了。

由于该式不容易求解，因此引入图解法，引入激发参量 β。

$$\beta = 2G_m l / (a_c + T) \tag{2.3.5}$$

由 β 能图解法计算出 I_{v0}，再根据下式计算出输出功率 P。

$$P = ATI_{v0}^+ \tag{2.3.6}$$

A 为光束的有效横截面积。一般情况下，激光束受谐振腔内振荡光束模体积的限制，不能充满整个放电毛细管。对激光有贡献的只是模体积内的那部分气体原子。因此 A 应为毛细管的横截面积乘以一个系数。I_{v0}^+ 为工作在中心频率处沿着激光输出方向传播的光强。

四、实验内容及步骤

（1）根据氦氖激光谐振腔调整与功率测量实验示意图 2.3.3 安装所有的器件。

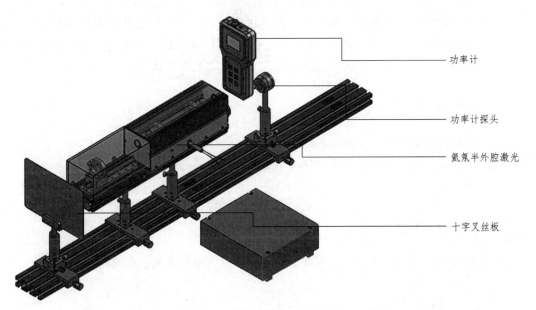

图 2.3.3　氦氖激光谐振腔调整与功率测量示意图

功率计

功率计探头

氦氖半外腔激光

十字叉丝板

（2）使用台灯照亮十字叉丝板，叉丝线朝向半外腔激光器。

（3）通过叉丝板中心小孔，目视氦氖激光器毛细腔。调整叉丝板小孔的位置，使得操作人可以目视到毛细管另一端腔片上的极亮斑，并将亮斑调整到毛细管中心。

（4）调整半外腔激光器后腔镜旋钮，此时操作人通过叉丝板小孔可以看见经照亮的十字叉丝板图案反射到半外腔激光器后腔镜表面上的像，调整后腔镜镜架旋钮，将叉丝像交点与毛细管内亮斑重合。

（5）反复调节，直至激光器发光。

（6）使用功率计测量激光的功率。

（7）改变后腔镜位置后，重复（3）-（6）步操作。

（8）更换其他曲率的后腔镜后重复（3）-（7）步操作。

五、 注意事项

（1）激光器出光后，禁止在叉丝板小孔处再做观察。

（2）实验完毕，将所有的电压输出归零，切断电源，整理线路。

六、 思考题

（1）氦氖激光器输出功率与哪些因素有关？

（2）后腔镜位置对激光器输出功率有何影响？

实验四　共焦球面扫描干涉仪调整实验

共焦球面扫描干涉仪器是一种分辨率很高的分光仪器，在激光技术中是一种重要的测量设备。实验中用它将频率差异很小（几十或几百 MHz），用眼睛和一般光谱仪器不能分辨的所有纵模、横模展现成频谱图来进行观测。它在实验中起着不可替代的重要作用。

一、 实验目的

（1）了解共焦球面扫描干涉仪的结构。

（2）掌握测量共焦球面扫描干涉仪两个重要性能参数的方法。

（3）测量激光器纵模。

二、 实验仪器

氦氖内腔激光器、探测器、共焦球面扫描干涉仪、可变光阑、示波器等。

三、 实验原理

共焦球面扫面干涉仪结构如图 2.4.1 所示。

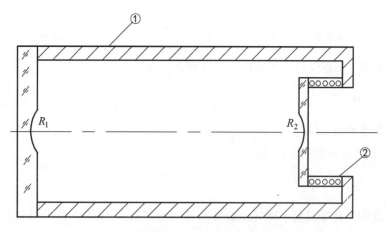

图 2.4.1 共焦球面扫描干涉仪原理结构图

共焦球面扫描干涉仪是一个无源谐振腔，由两块球形凹面反射镜构成共焦腔，即两块镜的曲率半径和腔长相等（$R_1 = R_2 = l$）。其中一块反射镜是固定不动的，另一块固定在可随外加电压而伸缩的压电陶瓷上，如图 2.4.1 所示，图中①为由低膨胀系数制成的间隔圈，用以保持两球形凹面反射镜 R_1 和 R_2 总处在共焦状态。②为压电陶瓷环，若在环的内外壁上加一定数值的电压，环的长度将随之发生变化，且长度的变化与外加电压的幅度成线性关系，这正是扫描干涉仪被用来扫描的基本条件。由于长度的变化量很小，仍为波长数量级，它不足以改变腔的共焦状态。

扫描干涉仪有两个重要的性能参数，即自由光谱范围和精细常数，以下分别对它们进行讨论。

1. 自由光谱范围

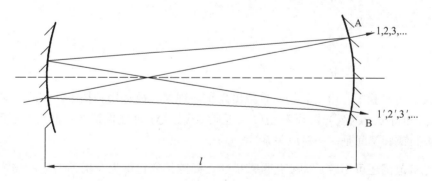

图 2.4.2 激光在共焦腔内的反射路径

当一束波长为 λ_a 的激光以近光轴方向入射干涉时，在忽略球差的条件下，在共焦腔中径四次反射一闭合路径，呈 x 形，光程近似为 4l，如图 2.4.2 所示，一束光将有 1，1′两组透射光，若 m 是光线在腔内往返的次数，则 1 组经历了 $4m$ 次反射后，1′组经历了 $4m+2$ 次反射。设反射镜的反射率为 R，透射率为 T，1，1′两组透射光强分别为：

$$I_1 = I_0\left(\frac{T}{1-R^2}\right)\left[1 + \left(\frac{2R}{1-R^2}\right)^2 \sin^2\alpha\right]^{-1} \tag{2.4.1}$$

$$I_{1'} = R^2 I_1 \quad\quad\quad (2.4.2)$$

式中 I_0 是入射光强，a 是往返一次所形成的位相差，即

$$\alpha = 2\mu l \frac{2\pi}{\lambda_a} \quad\quad\quad (2.4.3)$$

μ 为腔内介质的折射率。

当 $\alpha = k\pi$（k 为任意整数）时即

$$4\mu l = k\lambda_a \qu\quad\quad (2.4.4)$$

此时模 λ_a 将产生相干透射，而其他波长的模则相互抵消（k 为扫描干涉仪的干涉序数，是一个整数）。同理，外加电压又可使腔长变化到 l_d，使模 λ_d 符合谐振条件，极大透射，而 λ_a 等其他模又相互抵消。因此，极大透射的波长值和腔长值一一对应。只要有一定幅值的电压来改变腔长，就可以使激光全部不同波长（或频率）的模依次产生相干极大透射，形成扫描。但值得注意的是，若一个确定的腔长有可能使几个不同波长的模同时产生相干极大，造成重序。例如，当腔长变化到可使 λ_d 极大时，λ_a 会再次出现极大，有

$$4l_d = k\lambda_d = (k+1)\lambda_a \quad\quad\quad (2.4.5)$$

即 K 序中的 λ_d 和 $k+1$ 序中的 λ_a 同时满足极大条件，两种不同的模同时扫描，叠加在一起，因此扫描干涉仪本身存在一个不重序的最大波长差或频率差，$\Delta\lambda_{S.R}$ 或者 $\Delta\upsilon_{S.R}$ 表示。

由于 λ_d 与 λ_a 间相差很小，可共用 λ 近似表示：

$$\Delta\lambda_{S.R} = \frac{\lambda_a^2}{4l} \qu\quad\quad (2.4.6)$$

用频率表示，即为：

$$\Delta\upsilon_{S.R} = \frac{c}{4l} \qu\quad\quad (2.4.7)$$

在模式分析实验中，由于我们不希望出现重序现象，故选用扫描干涉仪时，必须首先知道它的 $\Delta\upsilon_{S.R}$ 和待分析的激光器频率 $\Delta\upsilon$，并且使 $\Delta\upsilon_{S.R} > \Delta\upsilon$ 才能保证在频谱面上不重序，即腔长和模的波长或频率间是一一对应关系。

自由光谱范围还可用腔长的变化量来描述，即腔长变化量为 $\frac{\lambda}{4}$ 时所对应的扫描范围。当共焦腔腔长变化为 $\frac{\lambda}{4}$ 时，波长 λ 的模可再次透过干涉仪。当满足 $\Delta\upsilon_{S.R} > \Delta\upsilon$ 条件后，如果外加电压足够大，可使腔长的变化量是 $\frac{\lambda}{4}$ 的 i 倍时，那么将会扫描出 i 个干涉序，激光器的所有模将周期性地重复出现在干涉序列 k，$k+1$，$\cdots$，$k+i$ 中，如图 2.4.3 所示。

本实验中，用示波器观察氦氖激光器的纵模分布，如图 2.4.4 所示。

需要注意的是，实验中观察到的纵模分布，横轴并非频率轴，而是时间轴。这时用来衡量纵模间隔的是时间差 Δx。设两个纵模时间间隔为 Δx_1，自由光谱程时间间隔为 Δx_2。

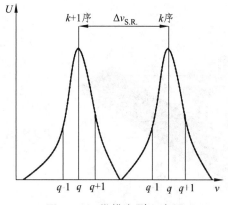

图 2.4.3　纵模序列示意图

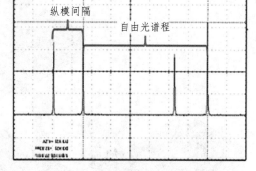

图 2.4.4　示波器输出图像

本实验中氦氖内腔激光器的纵模间隔可用以下公式求得：

$$\Delta \upsilon_1 = \frac{c}{2L}　　　　　　　　　　　　　　　　（2.4.8）$$

已知 L=250 mm。

所以自由光谱 $\Delta \upsilon_{S.R}$ 可用下式求得：

$$\Delta \upsilon_{S \cdot R} = \Delta \upsilon_1 \cdot \frac{\Delta x_2}{\Delta x_1}　　　　　　　　　　　　（2.4.9）$$

（2）精细常数

精细常数 F 是用来表征扫描干涉仪分辨本领的参数。它的定义是：自由光谱范围与最小分辨率极限宽度之比，即在自由光谱范围内能分辨的最多的谱线数目。精细常数的理论公式为：

$$F = \frac{\pi R}{1-R}　　　　　　　　　　　　　　　　（2.4.10）$$

其中，R 为凹面镜的反射率，从（2.4.10）式可以知道，F 只与镜片的反射率有关，实际上还与共焦腔的调整精度、镜片加工精度、干涉仪的入射和出射光孔德大小及使用时的准直精度等因素有关。因此精细常数的实际值应由实验来确定，根据精细常数的定义

$$F = \frac{\Delta \lambda_{S.R}}{\delta \lambda}　　　　　　　　　　　　　　　（2.4.11）$$

式中，$\delta \lambda$ 是仪器的带宽，指干涉仪透射峰的频率宽度，也是干涉仪所能分辨出的最小波长差。则可以认为 $\delta \lambda$ 是干涉仪所能分辨出的最小波长差，同时也是干涉仪所能分辨出的最小频差。

四、实验内容及步骤

（1）根据共焦球球面干涉仪调整示意图安装所有的组件。

（2）将所有器件调整至同心等高。

（3）连接共焦球面扫描干涉仪，连接示波器。连接方法：锯齿波检测连接示波器信号源1，信号输出连接示波器信号源 2。示波器调节设置时，要触发锯齿波（信号源 1）。这样信号会稳定，锯齿波输出接干涉仪探头。

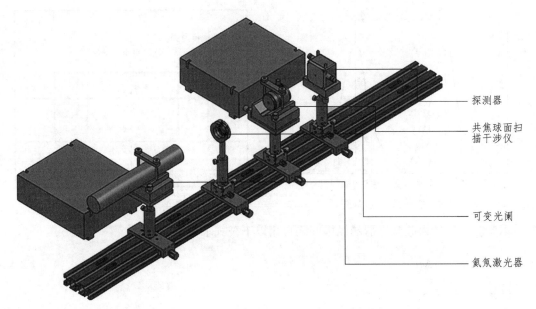

图 2.4.5　共焦球球面干涉仪调整示意图

（4）打开各仪器电源，调整示波器触发方式为直流，触发通道为锯齿波检测通道。调整合适的扫描时间与信号幅度。

（5）打开示波器信号探测通道的"信号反向功能"。

（6）调整共焦腔，使得共焦腔内腔镜反射的一个较大散射光斑与一个小光斑发射在可变光阑上，并与可变光阑基本同心。

（7）调整共焦腔支架旋钮，使得共焦腔后端输出光斑重合。

（8）调整探测器位置使得示波器输出的探测信号最强。

（9）继续微调共焦腔支架旋钮，使得示波器信号通道探测的信号峰值最窄。

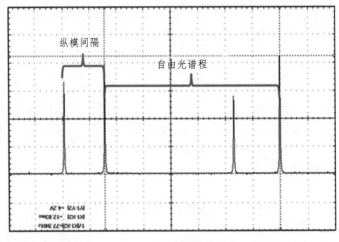

图 2.4.6　示波器输出图像

（10）调整扫频干涉仪的调制幅度，确保在一个锯齿波周期内出现两个序列的纵模分布。

（11）使用示波器的光标测量功能，测量纵模间隔 Δx_1 和周期间隔 Δx_2。

（12）根据已知被测氦氖激光器腔长为 250 mm，根据公式 $\Delta \nu_1 = \dfrac{c}{2L}$ 和 $\Delta \nu_{S.R} = \Delta \nu_1 \cdot \dfrac{\Delta x_2}{\Delta x_1}$，计算共焦球面扫描干涉仪自由光谱区。

（13）根据公式 $\Delta \nu_{S.R} = \dfrac{c}{4l}$，计算共焦球面扫描仪的腔长（腔长参考值为 30.2 mm）。

五、注意事项

（1）测量激光器的光谱时，由于扫描干涉仪的反射光的反馈可能影响激光器光谱线的稳定性，因此在激光器的输出光不太弱时，干涉仪应放在距离激光器较远的位置，如 30 cm 处。

（2）工作频率过高会影响锯齿波波形，可以把频率调到最小，然后逐渐提高工作频率，直到得到所需频率。

（3）实验过程中注意眼睛的防护，绝对禁止用眼睛直视激光束。

（4）扫描激光器的压电陶瓷易碎，在实验过程中应轻拿轻放，扫描干涉仪的通光空在不用时应该封好，防止灰尘进入。

六、思考题

（1）观测时，为何要先确定出示波器上被扫描出的干涉序的数目？

（2）如何分析并减少实验误差？

实验五　半外腔激光器等效腔长测量实验

激光模式是激光技术中的一个重要的基本概念，在诸多激光器的生产和应用中，都需要先知道激光器的模式，例如：在精密测量、全息技术等工作需要基横模输出的激光器，而在激光器稳频和激光测距工作中，不仅需要基横模而且需要单纵模运行的激光器。本实验通过对激光器内部的各组成器件进行调节分析，有助于深刻的理解激光模式概念，以便更好地进行模式分析，掌握模式选择。

一、实验目的

（1）了解激光器纵模与横模的区别。

（2）掌握改变激光器纵模的方法。

二、实验仪器

氦氖半外腔激光器、共焦球面扫描干涉仪、探测器、示波器、可变光阑、COMS 相机、钢尺。

三、实验原理

（一）激光器模的形成

激光器的三个基本组成部分是增益介质、谐振腔和激励能源。如果用某种激励方式，将介质的某一对能级间形成粒子数反转分布，由于自发辐射和受激辐射的作用，将有一定频率的光波产生，在腔内传播，并被增益介质逐渐增强、放大。被传播的光波决不是单一频率的（通常所谓某一波长的光，不过是光中心波长而已）。因能级有一定宽度，所以粒子在谐振腔内运动受多种因素的影响，实际激光器输出的光谱宽度是自然增宽、碰撞增宽和多普勒增宽迭加而成。不同类型的激光器，工作条件不同，以上诸影响有主次之分。例如低气压、小功率的 He-Ne 激光器 6328 埃谱线，则以多普勒增宽为主，增宽线型基本呈高斯函数分布，宽度约为 1 500 MHz，只有频率落在展宽范围内的光在介质中传播时，光强将获得不同程度的放大。但只有单程放大，还不足以产生激光，还需要有谐振腔对它进行光学反馈，使光在多次往返传播中形成稳定持续的振荡，才有激光输出的可能。而形成持续振荡的条件是，光在谐振腔中往返一周的光程差应是波长的整数倍

即

$$2\mu L = q\lambda_q \tag{2.5.1}$$

这正是光波相干极大条件，满足此条件的光将获得极大增强。式中，μ 是折射率，对气体 $\mu \approx 1$，L 是腔长，q 是正整数，每一个 q 对应纵向一种稳定的电磁场分布 λ_q，叫一个纵模，q 称作纵模序数。q 是一个很大的数，通常我们不需要知道它的数值。而关心的是有几个不同的 q 值，即激光器有几个不同的纵模。从式（2.5.1）中，我们还可以看出，这也是驻波形成的条件，腔内的纵模是以驻波形式存在的，q 值反映的恰是驻波波腹的数目。纵模的频率为

$$v_q = q\frac{c}{2\mu L} \tag{2.5.2}$$

同样，一般我们不去求它，而关心的是相邻两个纵模的频率间隔

$$\Delta v_{\Delta q=1} = \frac{c}{2\mu L} \approx \frac{c}{2L} \tag{2.5.3}$$

从式中看出，相邻纵模频率间隔和激光器的腔长成反比。即，腔越长，$\Delta v_{\text{纵}}$ 越小，满足振荡条件的纵模个数越多；相反腔越短，$\Delta v_{\text{纵}}$ 越大，在同样的增宽曲线范围内，纵模个数就越少，因而用缩短腔长的办法是获得单纵模运行激光器的方法之一。

以上我们得出纵模具有的特征是：相邻纵模频率间隔相等；对应同一横模的一组纵模，它们强度的顶点构成了多普勒线型的轮廓线。

任何事物都具有两重性，光波在腔内往返振荡时，一方面有增益，使光不断增强，另一方面也存在着不可避免的多种损耗，使光能减弱。如介质的吸收损耗、散射损耗、镜面透射损耗和放电毛细管的衍射损耗等。所以不仅要满足谐振条件，还需要增益大于各种损耗的总和，才能形成持续振荡，有激光输出。如图 2.5.1 所示，图中，增益线宽内虽有五个纵模满足谐振条件，但只有三个纵模的增益大于损耗，能有激光输出。对于纵模的观测，由于 q 值很大，相邻纵模频率差异很小，眼睛不能分辨，必须借用一定的检测仪器才能观测到。

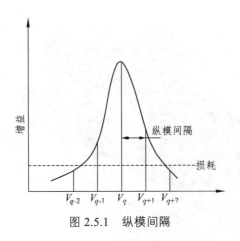

图 2.5.1　纵模间隔

（二）单纵模选取的方法

（1）短腔法。

（2）法布里 – 珀罗标准具法。

（3）三反射镜法。

（三）半外腔氦氖激光器腔长的计算

设内腔氦氖激光器的纵模时间间隔为 Δt_1，半外腔氦氖激光器腔长的纵模时间间隔为 Δt_2。而内腔氦氖激光器的腔长 L_1 是已知的，所以其纵模间隔也是可以计算出来的。

如果保持扫频干涉仪的参数不变，半外腔氦氖激光器腔长 L_2 与内腔氦氖激光器的腔长 L_1 存在以下关系：

$$L_2 = L_1 \cdot \frac{\Delta t_2}{\Delta t_1} \tag{2.5.4}$$

四、实验内容及步骤

（1）根据氦氖激光模式分析与等效腔长测量实验装配图安装所有的器件。

（2）根据实验 1 调整方法调节半外腔激光器出光。

（3）根据实验 2 调整方法调节共焦球面扫描干涉仪。

（4）连接相机，打开图像采集界面，给相机前面装入衰减片，防止曝光损坏相机。

（5）调整相机的位置，使得激光光斑正入射到相机靶面。适当调整相机增益和快门速度，使得所有图像均不出现饱和为宜。

（6）对半外腔氦氖激光器调出基模，用钢尺测量激光器的腔长，并用示波器测量两纵模之间的时间间隔 Δt_2。

（7）保持共焦球面扫描干涉仪控制器的参数不变，换上氦氖内腔激光器。

（8）用示波器测量两纵模之间的时间间隔 Δt_1。用公式 $L_2 = L_1 \cdot \dfrac{\Delta t_2}{\Delta t_1}$ 计算出半外腔的腔长 L_2，与实测的腔长进行对比。（已知氦氖内腔激光器腔长为 $L_1 = 250 \, \text{mm}$）。

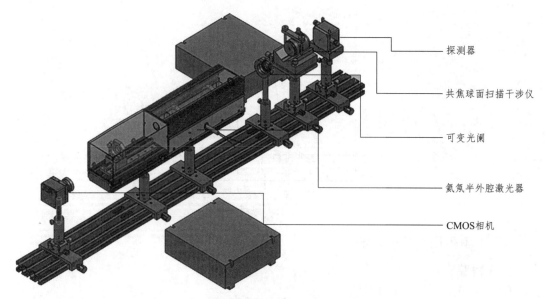

图 2.5.2　氦氖激光纵模测量与等效腔长测量实验

五、 注意事项

（1）实验过程中注意眼睛的防护，绝对禁止用眼睛直视激光束。

（2）扫描激光器的压电陶瓷易碎，在实验过程中应轻拿轻放，扫描干涉仪的通光空在不用时应该封好，防止灰尘进入。

（3）开启或关闭扫描干涉仪的驱动器时，必须先将幅度调到最小，避免损坏扫描干涉仪。

六、 思考题

（1）观察时，为何要先确定出示波器上被扫描出的干涉序的数目？

（2）如何分析并减少实验误差？

实验六　激光横模变换与参数测量实验

激光由增益介质、光学谐振腔和激励能源组成，激光谐振腔有本征频率，每一个频率对应一种光场分布，叫做一种模式。引入横模纵模的概念来描述谐振腔内每个本征频率对应的光场分布。谐振腔不同，它的模式就不同。本实验利用"共焦球面扫描干涉仪"来测量激光的频率间隔，结合激光的远场横向分布，可以分析激光器建立的激光横模序数，并且观察模分裂和模式竞争现象。

一、 实验目的

（1）了解高斯光束光斑横模；

（2）学会调节多种不同模式的光斑。

二、实验仪器

氦氖半外腔激光器、COMS 相机、衰减片、导轨、滑块、套筒、支杆等。

三、实验原理

（一）激光的产生

频率为 v 的光照射具有能级为 E_1，E_2 的介质时，将同时有受激辐射和自发跃迁吸收过程，前者辐射光与入射光具有相同的模式，受激辐射光与入射光相互叠加，产生光的放大作用；后者则使光减弱。当介质粒子数分布状态满足粒子数反转状态时，介质对光有增益作用才能引起光的放大。

（二）He-Ne 激光器的横模与纵模及其频率间隔

激光的每一个频率对应一种光场分布，即模式。纵模描述轴向光场分布状态，横模描述横向分布状态。

横模：光在谐振腔中来回反射时，由于工作物质的横截面积和镜面都是有限的，当平行光通过它们时，因为衍射作用，使出射光波阵面发生畸变，从而在垂直于光的传播方向及横向上，将出现各种不同的场强分布，每一种分布形式叫做一种横模。常见横模光斑图样见图 2.6.1。

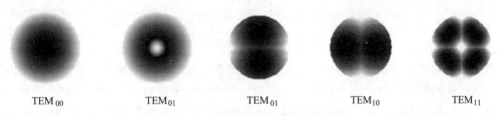

TEM_{00} TEM_{01} TEM_{01} TEM_{10} TEM_{11}

图 2.6.1　常见的基本横模光斑图样

横向分布是二维的，用三个指标 m、n、q 来完整的描述一个模式，m、n 代表横模序数，q 代表纵模序数。对同样的横模序数 m、n 有：

$$\Delta v_{纵} = \frac{c}{2\mu L} \Delta q \tag{2.6.1}$$

对同一级 q，非共焦腔的横模频率差为：

$$\Delta v_{横} = \frac{c}{2\mu L} \left\{ \frac{1}{\pi} (\Delta m + \Delta n) \arccos \left[\left(1 - \frac{1}{R_1}\right)\left(1 - \frac{1}{R_2}\right) \right]^{\frac{1}{2}} \right\} \tag{2.6.2}$$

其中 Δm，Δn 分别表示 x，y 方向上横模模序数差，R_1，R_2 为两反射镜的曲率半径，相邻横模频率间隔为

$$\Delta v_{\Delta m + \Delta n = 1} = \Delta v_{\Delta q = 1} \left\{ \frac{1}{\pi} \arccos \left[\left(1 - \frac{L}{R_1}\right)\left(1 - \frac{L}{R_2}\right) \right]^{1/2} \right\} \tag{2.6.3}$$

从上式还可以看出，相邻的横模频率间隔与纵模频率间隔的比值是一个分数，分数的大小由激光器的腔长和曲率半径决定。腔长与曲率半径的比值越大，分数值越大。当腔长等于曲率半径时（$L = R_1 = R_2$，即共焦腔），分数值达到极大，即相邻两个横模的横模间隔是纵模间隔的 1/2，横模序数相差为 2 的谱线频率正好与纵模序数相差为 1 的谱线频率简并。

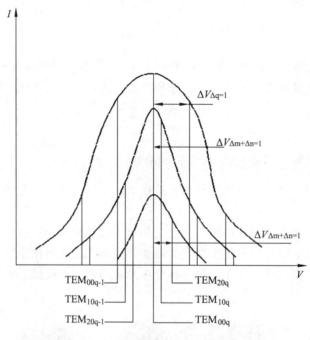

图 2.6.2　不同横模所对应的曲线

激光器中能产生的横模个数，除前述增益因素外，还与放电毛细管的粗细，内部损耗等因素有关。一般说来，放电管直径越大，可能出现的横模个数越多。横模序数越高的，衍射损耗越大，形成振荡越困难。但激光器输出光中横模的强弱决不能仅从衍射损耗一个因素考虑，而是由多种因素共同决定的，这是在模式分析实验中，辨认哪一个是高阶横模时易出错的地方。因仅从光的强弱来判断横模阶数的高低，即认为光最强的谱线一定是基横模，这是不对的，而应根据高阶横模具有高频率来确定。

（三）高斯光束

（1）高斯光束的发散角随传播距离的增大而非线性增大。

（2）在束腰处，发散角为 0；在无穷远，发散角最大。

（3）通常将 $0 \leqslant Z \leqslant \dfrac{\pi \omega_0^2}{\lambda}$ 区域定义为光束准直区。

（4）ω_0 越大，则远场发散角愈小。因此为了减小光束的远场发散角，可采用光学变换的方法，使其束腰增大。

四、实验内容及步骤

（1）根据实验三的方法调出光。

（2）连接相机，打开光斑分析软件观察光斑形态，确定激光模式。

（3）通过调节安装后腔镜的齿轮齿条平移台以及后腔镜上的俯仰偏摆旋钮来改变激光器腔长，从而改变激光器的模式。

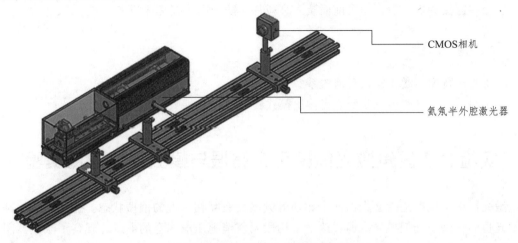

图 2.6.3　不同模式分析实验装配图

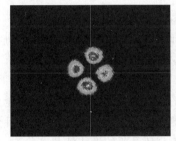  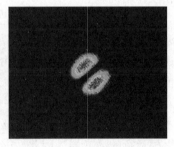

图 2.6.4　不同模式下的氦氖光斑

（4）用光斑分析软件测量不同模式下光斑的宽度，用这些数据计算不同模式下的激光高斯光束参数。将数据记录到表 2.6.1 及表 2.6.2。

表 2.6.1　单模激光光斑宽度的测量　　　　　　　　　　　　　　　　单位（mm）

测量位置								
水平宽度								
垂直宽度								

表 2.6.2　多模激光光斑宽度的测量　　　　　　　　　　　　　　　　单位：（mm）

测量位置								
水平宽度								
垂直宽度								

提示：可每隔 50 mm 测量一次。

（5）对比不同激光模式下的参数，分析激光模式对光斑宽度的影响。

五、注意事项

（1）实验过程中注意眼睛的防护，绝对禁止用眼睛直视激光束。
（2）在连接相机之前，相机前面装入衰减片，防止曝光损坏相机。

六、思考题

（1）光斑宽度与激光模式有何关系？
（2）通过什么方法可以改变激光输出模式？

实验七　氦氖激光纵模正交偏振与模式竞争观测实验

　　激光器正交偏振是指激光器两个相邻的频率具有互相垂直的偏振状态。一对左右旋圆偏振的光也应看做正交偏振光。通过改变公用段发射镜上压电陶瓷的电压，观察了激光器闭锁状态时两偏振光光强随着总腔长调谐变化的规律，并分析了闭锁状态下不同偏振态纵模之间的相互作用机理。

　　我们知道，可以起振的激光纵模既要满足谐振腔几何参数所决定的驻波条件，又要满足由激光工作物质、谐振腔及外界激发作用等因素共同决定的振荡条件。但起振的纵模有得时候还不一定能维持下去，这是由于有些模式使用的是相同的反转粒子数，它们之间存在着所谓模式竞争现象。

　　在激光器的生产与应用中，我们常常需要先知道激光器的模式状况，如精密测量、全息技术等工作需要基横模输出的激光器，而激光器稳频和激光测距等实验不仅要基横模而且要单纵模运行的激光器。因此，进行模式分析是激光器的一项基本又重要的性能测量。

一、实验目的

（1）了解氦氖激光模式的基本原理。
（2）了解激光器的偏振特性，掌握激光偏振测量方法。
（3）了解激光纵模正交偏振理论与模式竞争理论。
（4）掌握氦氖激光纵模正交偏振与模式竞争观测实验的光路调节。

二、实验仪器

　　氦氖激光器、偏振片、共焦球面扫描干涉仪、探测器、示波器、导轨、滑块、套筒、支杆等。

三、实验原理

（一）激光频率分裂原理

　　激光器两正交频率的产生是由于激光频率分裂效应。自1985年起我们就开始在激光器谐振腔内置入石英晶体、KDP、应力双折射片等双折射元件，由于双折射元件对两正交偏振方向的光有不同的折射率，所以原本唯一的谐振腔长"分裂"为物理长度不同的两个腔长，两个谐振腔有不同的谐振频率，即发生了频率分裂，一个激光频率变成了两个。

（二）正交偏振

激光器正交偏振是指激光器相邻的频率具有互相垂直的偏振状态。

如图 2.7.1 为本次实验的实验装置。M_1 为球面全反镜，M_2 为平面镜，T 为激光增益管，Q 为石英晶体，其晶轴与它的面法线一致，W 为增透窗片，θ 为晶体光轴与激光夹角，SI 为扫描干涉仪，P 为偏振片，OS 为示波器，PZT 为压电陶瓷，其上加电压 V。通过旋转偏振片，在示波器上可以观察到有规则的变化。假设偏振片在 0° 时示波器上在一个周期内只有两个脉冲，当偏振片旋转到一定的角度时，由于模竞争效应，激光频率并不分裂；当继续旋转偏振片时，则会发现一个频率在原有频率旁"跳变出来"。继续旋转到 45° 时，会发现原来的频率的强度下降一半，转移给了新的频率，则此时原来频率的强度和新的频率的强度一样强。继续旋转偏振片时，新的频率也会类似与原来的频率一样变化。当偏振片旋转到 180° 后，示波器上会出现偏振片为 0° 时的现象。所以，可以知道此时氦氖激光器的偏振态为正交偏振。

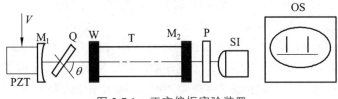

图 2.7.1　正交偏振实验装置

（三）模式竞争

模式竞争分为均匀加宽激光器的模式竞争和非均匀加宽激光器的模式竞争。

（1）均匀加宽激光器的模式竞争

均匀加宽激光器的模式竞争可以理解为，通过饱和效应，某一个模逐渐把别的模的振荡抑制下去，最后只剩下它自己的现象。

当增益下降到如图中的橙色曲线时，其增益系数等于阈值，光强达到稳定值，不再增大。整个增益曲线也就不再下降。最后，谐振腔内只有一个模式形成稳定的振荡。这说明，均匀加宽激光器中满足阈值条件的纵模在振荡过程中互相竞争，结果总是靠近中心频率附近的纵模取胜，其他模式都被抑制熄灭。

但是空间烧孔效应会引起多模振荡，即除了中心频率附近的模式可形成稳定振荡，也有可能会出现其他较弱的模式。激发越强，出现的振荡模式也就越多。其中空间烧孔现象可以分为轴向的空间烧孔现象和横向的空间烧孔现象。

轴向的空间烧孔效应是指某种发转粒子数密度或增益系数在腔内轴线上的具有某种分布的现象。如图 2.7.2 所示，假设频率等于 ν_2' 的另一个激光模式所形成的驻波场一般说来与 ν_2 的驻波不一定重合，如果 ν_2' 的波腹与 ν_2 的波节重合，则 ν_2' 模式也有可能得到较高的增益系数而形成振荡。这说明，由于腔轴线方向的空间烧孔效应，不同纵模使用空间不同部分的反转粒子数而同时产生振荡，即不同纵模可使用腔内不同空间的高能级粒子。为了获得单纵模，可以设法将纵模在腔内形成的驻波长变为行波场，使光强延轴线方向均匀分布，以消除空间模竞争。

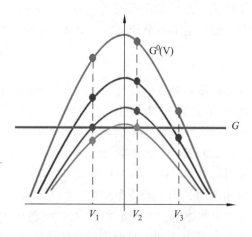

图 2.7.2　均匀加宽激光器的模式竞争

横模的空间烧孔现象是由于不同横模，其横向光场分布也不同，它们分别使用不同空间的激活粒子。因此，如果激活粒子的空间转移的速度很慢，不能消除横向烧孔效应，当激励足够强时，就可能形成多横模振荡。

气体是无规则运动的，粒子空间可以迅速转移，则可以消除了空间烧孔。所以以均匀加宽为主的高气压激光器可获得单纵模振荡。然而激活粒子是固体，如（Cr 离子），则会由于固体激活粒子束缚在晶格结构上，转移 $\lambda/4$ 需要 10^{-4} s，远大于激光器形成时间了，故空间烧孔不会消除。则以均匀加宽为主的固体激光器一般为多纵模振荡。

（2）非均匀加宽激光器的模式竞争

非均匀加宽激光器中，如果有多个纵模满足起振条件，由于某个纵模光强的增加，不会使整个增益曲线下降，而只是在增益曲线的相应频率处产生一个或两个烧孔，只要起振的几个纵模频率间隔足够大，各纵模形成的烧孔不重叠，那么各模式所消耗的反转粒子数互不相关。因此，非均匀激光器通常都是多纵模振荡。当外界的激发越强时，小信号增益曲线就越高，满足振荡条件的纵模个数也越多。

非均匀加宽激光器中的模式竞争存在与那些频率间隔小的纵模之间，由于相邻纵模的烧孔部分重叠，共用相同的反转粒子数而产生竞争。但这种竞争一般不会像均匀加宽那样能将对手完全熄灭。只有在非均匀加宽的气体中，两个频率恰好对中心频率对称的纵模同时满足起振条件，因这两个模式的烧孔完全重合，使得它们之间的竞争变得激烈，结果是它们的输出功率无规则起伏。

四、实验内容及步骤

（1）在实验四的光路基础上，将可变光阑更换成偏振片架。把光路搭建成如图 2.7.3 所示。

（2）旋转偏振片角度，观察示波器纵模序列变化情况，实现效果图如图 2.7.4。验证氦氖激光器的偏振态为正交偏振现象，并把现象记录到下表 2.7.1 中。

（3）取下光路中偏振片，如图 2.7.5 所示。

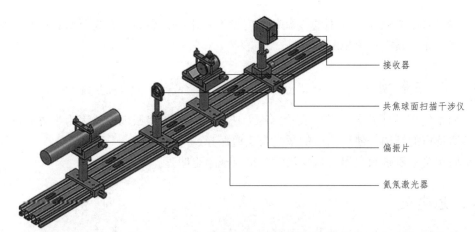

图 2.7.3　氦氖激光纵模正交偏振观测实验

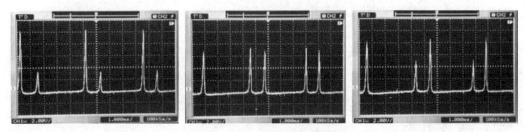

图 2.7.4　正交偏振实验现象

表 2.7.1　不同角度下的偏振状态

旋转角度/°	偏振状态（也可以以图形形式出现）

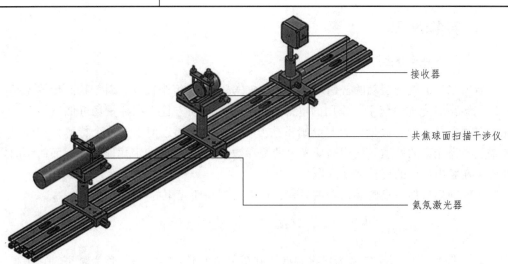

图 2.7.5　氦氖激光器模式竞争观测实验

（4）当氦氖激光激光管周围的气流和温度发生变化后，会导致激光器腔长微小变化，此时观察氦氖激光器纵模竞争现象。

五、注意事项

（1）如果使用半外腔激器做此实验，则无法观测到正交偏振现象，因为半外腔激光器使用了布鲁斯特窗的结构，使得输出的激光为线偏振光。

（2）此实验在氦氖激光器开机预热时观察，现象更明显。

六、思考题

（1）激光偏振状态与偏振片角度有何关系？

（2）影响激光偏振状态的因素有哪些？

实验八　高斯光束参数测量实验

一、实验目的

（1）理解激光光束特性的主要参数。

（2）掌握激光传播特性的主要参数的测量方法。

二、实验仪器

氦氖内腔激光器、激光管夹持器、导轨、滑块、套筒、支杆、透镜、COMS 相机、衰减片等。

三、实验原理

（一）高斯光束的基本性质

众所周知，电磁场运动的普遍规律可用 Maxwell 方程组来描述。对于稳态传输光频电磁场可以归结为对光现象起主要作用的电矢量所满足的波动方程。在标量场近似条件下，可以简化为赫姆霍兹方程，高斯光束是赫姆霍兹方程在缓变振幅近似下的一个特解，它可以足够好地描述激光光束的性质。使用高斯光束的复参数表示和 ABCD 定律能够统一而简洁的处理高斯光束在腔内、外的传输变换问题。

在缓变振幅近似下求解赫姆霍兹方程，可以得到高斯光束的一般表达式

$$A(r,z) = \frac{A_0 \omega_0}{\omega(z)} e^{-r^2 / \omega^2(z)} \cdot e^{-i\left[\frac{kr^2}{2R(z)} - \psi\right]} \qquad (2.8.1)$$

式中，A_0 为振幅常数；ω_0 定义为场振幅减小到最大值的 $1/e$ 的 r 值，称为腰斑，它是高斯光束光斑半径的最小值；$\omega(z)$、$R(z)$、ψ 分别表示了高斯光束的光斑半径、等相面曲率半径、

相位因子，是描述高斯光束的三个重要参数，其具体表达式分别为

$$\omega(z) = \omega_0 \sqrt{1 + \left(\frac{z}{Z_0}\right)^2} \tag{2.8.2}$$

$$R(z) = Z_0 \left(\frac{z}{Z_0} + \frac{Z_0}{z}\right) \tag{2.8.3}$$

$$\psi = tg^{-1} \frac{z}{Z_0} \tag{2.8.4}$$

其中，$Z_0 = \frac{\pi\omega_0^2}{\lambda}$，称为瑞利长度或共焦参数。

（1）高斯光束在 $z = \text{const}$ 的面内，场振幅以高斯函数 $e^{-r^2/\omega^2(z)}$ 的形式从中心向外平滑的减小，因而光斑半径 $\omega(z)$ 随坐标 z 按双曲线

$$\frac{\omega^2(z)}{\omega_0^2} - \frac{z}{Z_0} = 1 \tag{2.8.5}$$

规律而向外扩展，如图 2.8.1 所示。

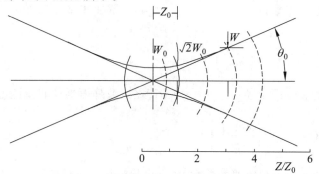

图 2.8.1　高斯光束以及相关参数的定义

（2）在（2.8.1）式中令相位部分等于常数，并略去 $\psi(z)$ 项，可以得到高斯光束的等相面方程

$$\frac{r^2}{2R(z)} + z = \text{const} \tag{2.8.6}$$

因而，可以认为高斯光束的等相面为球面。

（3）瑞利长度的物理意义为：当 $|z| = Z_0$ 时，$\omega(Z_0) = \sqrt{2}\omega_0$。在实际应用中通常取 $z = \pm Z_0$ 范围为高斯光束的准直范围，即在这段长度范围内，高斯光束近似认为是平行的。所以，瑞利长度越长，就意味着高斯光束的准直范围越大，反之亦然。

（4）高斯光束远场发散角 θ_0 的一般定义为当 $z \to \infty$ 时，高斯光束振幅减小到中心最大值 $1/e$ 处与 z 轴的交角，即表示为

$$\theta_0 = \lim_{z \to \infty} \frac{\omega(z)}{z} = \frac{\lambda}{\pi\omega_0} \tag{2.8.7}$$

（二）高斯光束的复参数表示和高斯光束通过光学系统的变换

定义 $\frac{1}{q} = \frac{1}{R} - i\frac{1}{\pi\omega^2}$，由前面的定义，可以得到 $q = z + iZ_0$，因而（2.8.1）式可以改写为

$$A(r,q) = A_0 \frac{iZ_0}{q} e^{-kr^2/2q}$$ （2.8.8）

此时， $\frac{1}{R} = \mathrm{Re}\left(\frac{1}{q}\right)$， $\frac{1}{\omega^2} = -\frac{\pi}{\lambda}\mathrm{Im}\left(\frac{1}{q}\right)$。

高斯光束通过变换矩阵为 $M = \begin{pmatrix} A & B \\ C & D \end{pmatrix}$ 的光学系统后，其复参数 q_2 变换为

$$q_2 = \frac{Aq_1 + B}{Cq_1 + D}$$ （2.8.9）

因而，在已知光学系统变换矩阵参数的情况下，采用高斯光束的复参数表示法可以简洁快速的求得变换后的高斯光束的特性参数。

（三）束腰半径、波阵面半径

在进行光学设计时（激光光学系统），应已知两个光束的特征参数。即，任一点处的光斑大小和该点的波阵面半径：

（1）在 Z 点处的光斑半径： （特点：光斑半径非线性可变。）

$$\omega(z) = \omega_0 \left[1 + \left(\frac{\lambda z}{\pi \omega_0^2} \right)^2 \right]^{1/2}$$ （2.8.10）

（2）在 Z 点处的波阵面半径： （特点：波阵面半径非线性可变。）

$$R(z) = z \left[1 + \left(\frac{\pi \omega_0^2}{\lambda z} \right)^2 \right]$$ （2.8.11）

以上公式中，涉及一个很重要的参数 W_0（束腰半径）→膜参数

对稳定球面腔：

通用公式：

$$\omega_0^4 = \left(\frac{\lambda}{\pi} \right)^2 \frac{l(R_1 - l)(R_2 - l)(R_1 + R_2 - l)}{(R_1 + R_2 - 2l)^2}$$ （2.8.12）

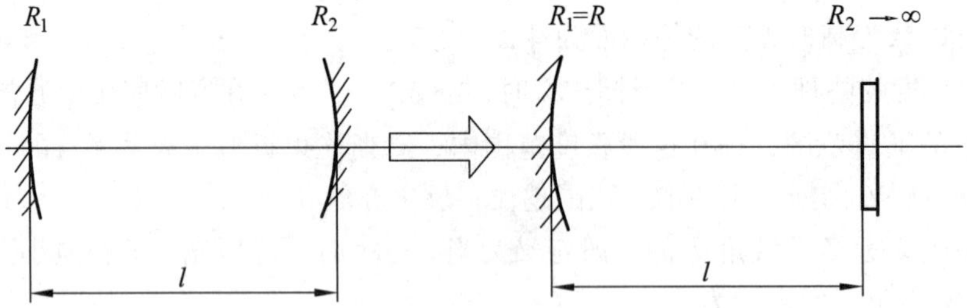

图 2.8.2　平凹腔

若对平凹稳定腔（氦氖激光器多采用，如图 2.8.2），令 $R_1 = R$， $R_2 = \infty$ 代入上式即，已知激光器腔参数 R、l 可求得膜参数 ω_0。

结论：已知腔参数（R，l）可求光束的膜参数 ω_0，已知膜参数 ω_0，可求光束参数 $\omega(z)$，$R(z)$。

本实验用氦氖内腔激光器是平凹腔，腔镜曲率半径 $R_1 = 1\,000\ \text{mm}$，$R_2 \to \infty$，腔长 $L = 250\ \text{mm}$。平面腔是输出镜。

则

$$g_1 = 1 - \frac{L}{R_1} = 0.75 \qquad\qquad g_2 = 1 - \frac{L}{R_2} = 1$$

设 ω_1、ω_2 分别是凹面腔和平面腔上光斑半径。有

$$\omega_1^2 = \frac{\lambda L}{\pi} \frac{1}{\sqrt{g_1(1-g_1)}} \quad \omega_2^2 = \frac{\lambda L}{\pi}\sqrt{\frac{g_1}{1-g_1}}$$

对于平凹腔，有：

$$\omega_0 = \omega_2 \tag{2.8.13}$$

即平凹腔的光斑束腰就位于平面腔处。

由上各式可得：

$$\omega_0 = \sqrt{\frac{\lambda L}{\pi}\sqrt{\frac{g_1}{1-g_1}}} \tag{2.8.14}$$

其中已知 $\lambda = 632.8\ \text{nm}$，$g_1 = 1 - \frac{L}{R_1} = 0.75$、$L = 250\ \text{mm}$，可求得 $\omega_0 = 0.2953\ \text{mm}$

（四）高斯强度分布

光束参数 $\omega(z)$，$R(z)$ 在 $Z=0$ 到 $Z=\infty$ 间的变化规律。

在束腰处（即 Z=0 处）

$$\lim_{z \to 0} R(z) = \lim_{z \to 0} z\left[1 + \left(\frac{\pi\omega_0^2}{\lambda z}\right)^2\right] = \lim_{z \to 0}\left[z + \left(\frac{\pi\omega_0^2}{\lambda}\right)^2 \cdot \frac{1}{z}\right] \tag{2.8.15}$$

（1）波阵面半径 $R(z)$

即 $R(z) = R_0 = \infty$，（z=0 处，$R_0 \to \infty$）$\Rightarrow$ 在 z=0 处，波阵面为平面波。

（2）初位相 $\varphi(z)$

$$\phi(z) = \arctan\frac{\lambda z}{\pi\omega_0^2} = 0 \tag{2.8.16}$$

即初位相为零。

（3）光斑半径：

$$\omega(0) = \lim_{z=0}\omega_0\left[1 + \left(\frac{\lambda z}{\pi\omega_0^2}\right)^2\right]^{1/2} = \omega_0 \tag{2.8.17}$$

即：光斑半径等于束腰半径。

（4）横截面光强分布：

$$E(x,y,0) = \frac{A_0}{\omega_0}\exp\left[\frac{-r^2}{\omega_0^2}\right] \cdot \exp\left[-ik(0+0) + i\cdot 0\right] = \frac{A_0}{\omega_0}\exp\left[\frac{-r^2}{\omega_0^2}\right] \tag{2.8.18}$$

在束腰处（即 $z = 0$）基尔霍夫公式变为：

令 $r = 0$ ，则 $E(0, 0, 0) = \dfrac{A_0}{\omega_0}$

令 $r = \omega_0$ ，则 $E(x_0, y_0, 0) = \dfrac{A_0}{\omega_0} \cdot \exp\left[\dfrac{-\omega_0^2}{\omega_0^2}\right] = \dfrac{1}{e} \dfrac{A_0}{\omega_0} = \dfrac{1}{e} E(0,0,0)$ （2.8.19）

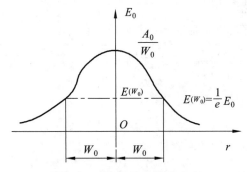

图 2.8.3　束腰处光强分布图

结论：

（1）在 $z = 0$ 处，与 x，y 有关的位相部分消失，即该处的平面为一等相面（与平面波波阵面一致）。

（2）振幅部分为一指数函数（高斯函数）⇒高斯光束的由来。

（3）在光束横截面内，光斑无明显边缘，通常定义的光斑大小是：电矢量幅度在光斑半径 r 方向减小到中心（$r = 0$）振幅的 $\dfrac{1}{e}$ （或强度的 $\dfrac{1}{e^2}$ ）时的 r 值为高斯光束的半径。

（五）瑞利长度

在光学，特别是激光学中，我们设鞍腰部（如图 2.8.4 中所示的最低处）为 A，其横截面面积为 a，沿光的传播方向，当横截面面积因为散射达到 $2a$ 时，我们设此处为 B，瑞利长度或者瑞利射程正是指从 A 到 B 的长度（即图中所示 Z_R）。相关参数是共轭焦距 b，其长度是两倍的瑞利长度。当光波按高斯模型传播的时候，瑞利长度则显得非常重要。

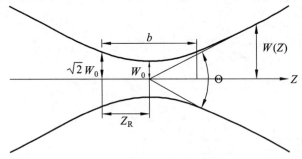

图 2.8.4　瑞利长度示意图

（六）远场发散角

从 $\omega(z) = \omega_0 \left[1 + \left(\dfrac{\lambda z}{\pi \omega_0^2} \right)^2 \right]^{1/2}$ 可以看出，在 $Z = 0$ 处，光斑尺寸最小，其值为 W_0。随着 Z 增

大，则 $W(z)$ 非线性增大，所以，高斯光束是发散的，现在讨论其特性。

定义：光束的半发散角为传输距离（Z）变化时，光斑半径的变化率，即

$$\theta = \frac{d\omega(z)}{dz} = \frac{\lambda^2 z}{\pi\omega_0}\left[\pi^2 + Z^2\lambda^2\right]^{-\frac{1}{2}} = \frac{\lambda^2}{\pi} \cdot \frac{1}{\sqrt{\frac{\pi^2\omega_0^4}{z^2} + \lambda^2}} \qquad （2.8.20）$$

（1）当 $z = 0$ 时，$\theta = 0$（即在束腰处，发散角为 0）。

（2）当 $z = \dfrac{\pi\omega_0^2}{\lambda}$（等于共焦参数）时：

$$\theta = \frac{\lambda}{\sqrt{2}\pi\omega_0} = \frac{\sqrt{2}\lambda}{2\pi\omega_0} \qquad （2.8.21）$$

（3）当 $z = \infty$ 时：

$$\theta = \frac{\lambda}{\pi\omega_0} \qquad （2.8.22）$$

等效于

$$\theta_0 = \left[\frac{\lambda^2}{\pi^2(Rl - l^2)}\right]^{1/4} \qquad （2.8.23）$$

结论：（1）高斯光束的发散角随传播距离的增大而非线性增大。

（2）在束腰处，发散角为 0；在无穷远，发散角最大，其远场发散角为式（2.8.22）或（2.8.23）。

（3）通常将 $0 \leqslant Z \leqslant \dfrac{\pi\omega_0^2}{\lambda}$ 区域定义为光束准直区。

（4）ω_0 越大，则远场发散角愈小。因此为了减小光束的远场发散角，可采用光学变换的方法，使其束腰增大。

（七）光束参数测量方法

根据 ISO11146 文件要求，在测量光束传播参数时，沿光束传播轴，至少需要在十个不同位置上测量光斑直径，然后用双曲线拟合的方法求出光束参数。双曲线拟合方程为：$d^2(z) = A + Bz + Cz^2$（d 为光斑直径）。这些测量位置半数应位于束腰两侧一倍瑞利长度之内，其他测量位置在超过一倍瑞利长度之外。

拟合求解出 A，B，C 以后，可通过表 2.8.1 公式计算得到相应的光束参数：

表 2.8.1　光束参数的计算公式

束腰位置	$z_0 = \dfrac{-B}{2C}$	
束腰宽度	$\omega_0 = \sqrt{A - B^2/4C}$	
远场发散角	$\theta = \sqrt{C}$	
光束传输因子	$M^2 = \dfrac{\pi}{8\lambda}\sqrt{4AC - B^2}$	
瑞利长度	$Z_R = \dfrac{1}{2C}\sqrt{4AC - B^2}$	

四、实验内容及步骤

（1）根据氦氖光斑测量实验装配图安装所有的器件。

（2）调整好各器件同轴等高，固定可变光阑的高度和孔径，安装激光器，调整激光管夹持器水平，使出射光在近处和远处都能通过可变光阑。

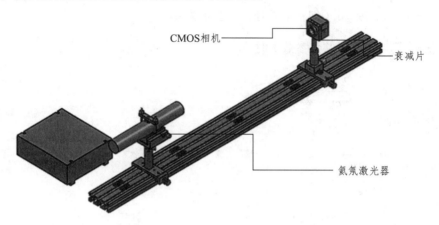

图 2.8.5　氦氖光斑测量装配图

（3）安装 CMOS 相机，使激光光束能够垂直打到相机靶面上，并且使相机反射回去的光斑与原光斑重合。

（4）打开测量软件，像素大小输入 3.75 μm，选取"自动"，相机会根据光斑的亮度选取一个合适的曝光时间，点击"运行"，可以选择"显示积分剖面图"以及"显示三维图"，就会看到水平方向和垂直方向的强度分布图以及整体的一个光强分布的三维图，点击"停止"，记录数据。

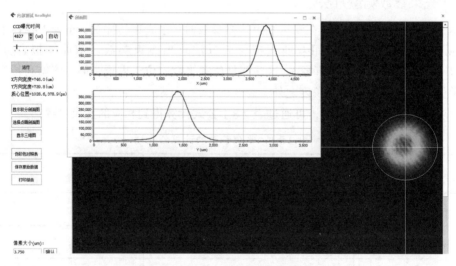

图 2.8.6　光斑测量效果图

（5）从靠近激光器的位置开始，以 40 mm 为间隔，测量在不同位置处光斑半径的大小，测量 16 组数据，填入表 2.8.2 中。

表 2.8.2　光斑宽度的测量

测量位置/mm								
水平宽度/mm								
垂直宽度/mm								
测量位置/mm								
水平宽度/mm								
垂直宽度/mm								

（6）观察每幅照片光斑宽度以及光强分布。

（7）将测量得到的 16 组数据输入到"光斑分析软件"里，既可对光斑水平方向的光斑宽度进行分析也可对垂直方向的光斑宽度进行分析。

（8）根据测量的激光器选择对应的波长，点击"拟合曲线并计算参数"，可以得到拟合的双曲线以及光斑参数：束腰位置、束腰宽度、远场发散角、M^2 因子以及瑞利长度等。

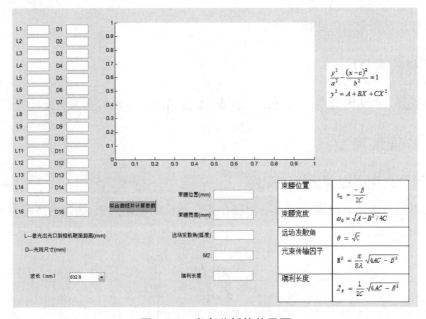

图 2.8.7　光斑分析软件界面

（9）将实验得到的数据与氦氖激光器的理论数据进行对比，分析引起误差的原因。

五、注意事项

（1）相机口到相机靶面的距离为 17.526 mm。

（2）调整好各器件同轴等高，使出射光在近处和远处都能通过可变光阑。

（3）氦氖激光器的波长为 632.8 nm。

（4）氦氖激光器的理论束腰位置位于激光器出光口向里 20 mm 处，束腰宽度为 0.59 mm。

（1）测量误差产生原因有哪些？

（2）气体激光器与半导体激光器的光斑模式有何区别？

实验九　高斯光束变换与测量实验

　　绝大多数激光器发出的光束，在投入使用之前，都要通过一定的光学系统变换成所需要的形式。多数激光器应用时输出的是高斯光束，因此高斯光束通过光学系统的变换特性是激光应用的一个最重要的基本问题。

一、实验目的

（1）了解激光光束变换的原理。

（2）掌握对高斯光束的变换与测量。

二、实验仪器

氦氖激光器、COMS 相机、衰减片、透镜、Y 向滑块、导轨、套筒、支杆等。

三、实验原理

（一）高斯光束通过薄透镜的变换

　　已知入射高斯光束束腰半径为 ω_0，束腰位置与透镜的距离为 l，透镜的焦距为 F，各参数相互关系如图 2.9.1，则有：

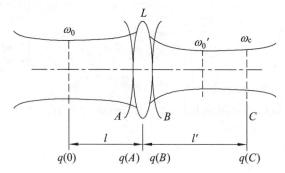

图 2.9.1　高斯光束通过薄透镜的变换

$z = 0$ 处

$$q(0) = q_0 = i\frac{\pi\omega_0^2}{\lambda} \tag{2.9.1}$$

在 A 面处

$$q(A) = q_0 + l \tag{2.9.2}$$

在 B 面处

$$\frac{1}{q(B)} = \frac{1}{q(A)} - \frac{1}{F} \tag{2.9.3}$$

在 C 面处

$$q(C) = q(B) + l_C \tag{2.9.4}$$

由上面的 $q(C)$ 可以确定经过薄透镜传输后的高斯光束特性，下面分情况讨论薄透镜的变换规律。

当 C 面取在像方束腰处，此时 $R_C \to \infty$，$\mathrm{Re}\left(\dfrac{1}{q_c}\right) - 0$，由上一页的方程联立可以求出：

$$q_C = l_C + F \frac{l(F-l) - \left(\dfrac{\pi\omega_0^2}{\lambda}\right)^2}{(F-l)^2 + \left(\dfrac{\pi\omega_0^2}{\lambda}\right)^2} + i \frac{F^2\left(\dfrac{\pi\omega_0^2}{\lambda}\right)}{(F-l)^2 + \left(\dfrac{\pi\omega_0^2}{\lambda}\right)} \tag{2.9.5}$$

由 $\mathrm{Re}\left(\dfrac{1}{q_C}\right) = 0$ 得出：

$$\begin{cases} l_C + F\dfrac{l(F-l) - (\frac{\pi\omega_0^2}{\lambda})^2}{(F-l)^2 + (\frac{\pi\omega_0^2}{\lambda})^2} = 0 \\[4mm] q_c = i\dfrac{F^2(\frac{\pi\omega_0^2}{\lambda})}{(F-l)^2 + (\frac{\pi\omega_0^2}{\lambda})^2} \end{cases} \Longrightarrow \begin{cases} l' = l_C = F + \dfrac{(l-F)F^2}{(l-F)^2 + (\frac{\pi\omega_0^2}{\lambda})^2} \\[4mm] \omega_0'^2 = \dfrac{\omega_0^2 F^2}{(F-l)^2 + (\frac{\pi\omega_0^2}{\lambda})^2} \end{cases} \tag{2.9.6}$$

得到的公式是高斯光束束腰的变换关系式。

当满足 $\left(\dfrac{\pi\omega_0^2}{\lambda}\right)^2 \ll (l-F)^2$ 或 $\left(\dfrac{f}{F}\right)^2 \ll \left(1-\dfrac{l}{F}\right)^2$ 条件时，由束腰位置关系公式（2.9.6）中

$$l' = F + \frac{(l-F)F^2}{(l-F)^2 + (\frac{\pi\omega_0^2}{\lambda})^2} \tag{2.9.7}$$

可以得到

$$l' \approx F + \frac{F^2}{l-F} = \frac{lF}{l-F} \tag{2.9.8}$$

即

$$\frac{1}{l'} + \frac{1}{l} = \frac{1}{F} \tag{2.9.9}$$

其中，式（2.9.9）就是几何光学薄透镜成像公式。

再由束腰半径的关系公式

$$\frac{1}{\omega_0'^2} = \frac{1}{\omega_0^2}\left(1 - \frac{l}{F}\right)^2 + \frac{1}{F^2}\left(\frac{\pi\omega_0}{\lambda}\right)^2 \tag{2.9.10}$$

可以得到

$$\frac{\omega_0'}{\omega_0} \approx \frac{F}{l-F} = \frac{l'}{l} = k \tag{2.9.11}$$

其中，式（2.9.11）就是几何光学薄透镜成像垂轴放大率公式。

束腰半径是高斯光束所有光斑半径的最小值，可以将其类比为几何光学中光束的焦点，在满足假设条件的情况下，物方、像方高斯光束经过薄透镜后束腰位置和半径的变换规律与几何光学中的物、像规律相符，由此可见当满足条件时可以用几何光学的方法粗略的研究近轴高斯光束。

当不满足以上条件时，则不能套用几何光学的结论，例如当 $l = F$ 时，可以求出 $l' = F$。此时物方、像方高斯光束的束腰都位于焦点处，这与几何光学中平行光成像于无穷远处的结论不相符。

如果令 $l_C = F$，即像方高斯光束束腰位于透镜前焦面，可以利用前面的公式求出束腰的半径

$$q_C = \frac{F^2(F-l)}{(F-l)^2 + f^2} + i\frac{F^2 f}{(F-l)^2 + f^2} = a + ib \tag{2.9.12}$$

其中

$$\begin{cases} f = \dfrac{\pi\omega_0^2}{\lambda} \\[2mm] a = \dfrac{F^2(F-l)}{(F-l)^2 + f^2} \\[2mm] b = \dfrac{F^2 f}{(F-l)^2 + f^2} \end{cases} \tag{2.9.13}$$

可以得到

$$\frac{1}{q_C} = \frac{a}{a^2+b^2} - i\frac{b}{a^2+b^2} = \frac{1}{R_C} - i\frac{\lambda}{\pi\omega^2 C} \tag{2.9.14}$$

由（9.10）式

$$\frac{1}{\omega^2 c} = -\frac{\pi}{\lambda}\text{Im}\left\{\frac{1}{q_c}\right\} = \frac{\pi}{\lambda}\frac{b}{a^2+b^2} = \frac{\pi}{\lambda}\frac{f}{F^2} = \left(\frac{\pi\omega_0}{\lambda F}\right)^2 \tag{2.9.15}$$

因此

$$\omega_c = \frac{\lambda}{\pi\omega_0}F \tag{2.9.16}$$

四、实验内容及步骤

（一）验证高斯光束聚焦后的束腰大小与物距的关系

（1）如图 2.9.2 搭建光路。

（2）固定透镜的位置，移动 COMS 相机至光斑半径最小处（此处为光束变换后的束腰位

置）。记录此时的物距（即：原束腰到透镜之间的距离）、像距（透镜到变换后的束腰位置之间的距离）及变换后束腰的半径。移动透镜改变像距，记录多组数据，填入表2.9.9。

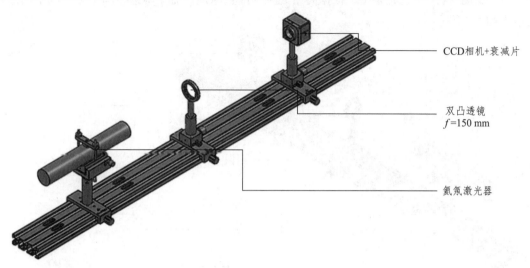

图 2.9.2　高斯光束薄透镜变换实验装配图

（3）根据公式
$$\begin{cases} l' = F + \dfrac{(l-F)F^2}{(l-F)^2 + (\dfrac{\pi\omega_0^2}{\lambda})^2} \\ \omega_0'^2 = \dfrac{\omega_0^2 F^2}{(F-l)^2 + (\dfrac{\pi\omega_0^2}{\lambda})^2} \end{cases}$$
计算出理论像距 l' 和变换后束腰的理论半径 ω_0'，

填入表中，与测量值进行对比。

（4）根据测量所得数据，绘制出束腰宽度随物距改变的曲线。

表 2.9.1　高斯光束聚焦实验数据（透镜焦距：150 mm）

物距/mm	50	60	70	80	90	100	110	120	130	135
水平宽度/mm										
垂直宽度/mm										
像距/mm										
理论像距/mm										
理论宽度/mm										

物距/mm	140	145	150	155	160	165	170	180	190	200
水平宽度/mm										
垂直宽度/mm										
像距/mm										
理论像距/mm										
理论宽度/mm										

（二）高斯光束的准直

（1）如图 2.9.3 搭建光路图，根据高斯光束的准直原理，需让两透镜间的距离等于两透镜焦距之和。

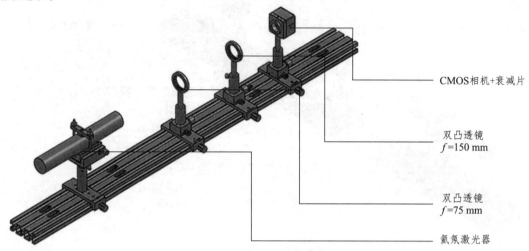

图 2.9.3　高斯光束的准直实验装配图

（2）移动 CMOS 相机，观察准直后的高斯光束的光斑宽度的变化，判断准直效果，若移动 CMOS 相机时，光斑分析软件所示的光斑宽度基本不变或变化幅度较小，则表示准直效果好，反之则不好。若准直效果不好，则微调两透镜之间的距离，使光束准直。

五、注意事项

若准直效果不好，则微调两透镜之间的距离，使光束准直。

六、思考题

试分析 CCD 测光斑特性误差存在的主要原因，给出减少误差的方法。

实验十　半导体泵浦固体激光综合实验

半导体泵浦固体激光器（Diode-Pumped solid-state Laser，DPL），是以激光二极管（LD）代替闪光灯泵浦固体激光介质的固体激光器，具有效率高、体积小、寿命长等一系列优点，在光通信、激光雷达、激光医学、激光加工等方面有巨大应用前景，是未来固体激光器的发展方向。本实验的目的是熟悉半导体泵浦固体激光器的基本原理和调试技术，以及其调 Q 和倍频的原理和技术。

一、实验目的

（1）掌握半导体泵浦固体激光器的工作原理和调试方法。

（2）掌握固体激光器被动调 Q 的工作原理，进行调 Q 脉冲的测量。

（3）了解固体激光器倍频的基本原理。

二、实验仪器

半导体泵浦固体激光器、探测器、示波器。

三、实验原理

（一）半导体激光泵浦固体激光器工作原理

上世纪 80 年代起，生长半导体激光器（LD）技术得到了蓬勃发展，使得 LD 的功率和效率有了极大的提高，也极大地促进了 DPSL 技术的发展。与闪光灯泵浦的固体激光器相比，DPSL 的效率大大提高，体积大大减小。在使用中，由于泵浦源 LD 的光束发散角较大，为使其聚焦在增益介质上，必须对泵浦光束进行光束变换（耦合）。泵浦耦合方式主要有端面泵浦和侧面泵浦两种，其中端面泵浦方式适用于中小功率固体激光器，具有体积小、结构简单、空间模式匹配好等优点。侧面泵浦方式主要应用于大功率激光器。本实验采用端面泵浦方式。端面泵浦耦合通常有直接耦合和间接耦合两种方式。

（1）直接耦合：将半导体激光器的发光面紧贴增益介质，使泵浦光束在尚未发散开之前便被增益介质吸收，泵浦源和增益介质之间无光学系统，这种耦合方式称为直接耦合方式。直接耦合方式结构紧凑，但是在实际应用中较难实现，并且容易对 LD 造成损伤。

（2）间接耦合：指先将 LD 输出的光束进行准直、整形，再进行端面泵浦。常见的方法有：

组合透镜系统聚光：用球面透镜组合或者柱面透镜组合进行耦合。

聚焦透镜耦合：由自聚焦透镜取代组合透镜进行耦合，优点是结构简单，准直光斑的大小取决于自聚焦透镜的数值孔径。

光纤耦合：指用带尾纤输出的 LD 进行泵浦耦合。优点是结构灵活。

本实验先用光纤柱透镜对半导体激光器进行快轴准直，压缩发散角，然后采用组合透镜对泵浦光束进行整形变换，各透镜表面均镀对泵浦光的增透膜，耦合效率高。本实验的压缩和耦合如图 2.10.1 所示。

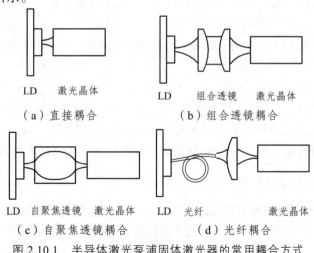

LD　　激光晶体

（a）直接耦合

LD　　组合透镜　　激光晶体

（b）组合透镜耦合

LD　自聚焦透镜　激光晶体

（c）自聚焦透镜耦合

LD　光纤　　　　　激光晶体

（d）光纤耦合

图 2.10.1　半导体激光泵浦固体激光器的常用耦合方式

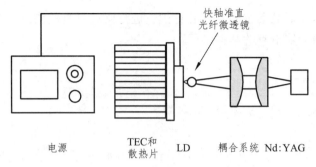

快轴准直
光纤微透镜

电源　　　　TEC和　　LD　　耦合系统　Nd:YAG
　　　　　　散热片

图 2.10.2　本实验 LD 光束快轴压缩耦合泵浦简图

（二）激光晶体

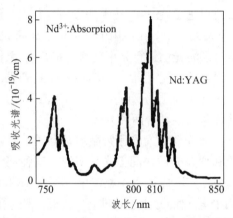

图 2.10.3　Nd：YAG 晶体中 Nd^{3+} 吸收光谱图

激光晶体是影响 DPL 激光器性能的重要器件。为了获得高效率的激光输出，在一定运转方式下选择合适的激光晶体是非常重要的。目前已经有上百种晶体作为增益介质实现了连续波和脉冲激光运转，以钕离子（Nd^{3+}）作为激活粒子的钕激光器是使用最广泛的激光器。其中，以 Nd^{3+} 离子部分取代 $Y_3Al_5O_{12}$ 晶体中 Y^{3+} 离子的掺钕钇铝石榴石（Nd：YAG），由于具有量子效率高、受激辐射截面大、光学质量好、热导率高、容易生长等的优点，成为目前应用最广泛的 LD 泵浦的理想激光晶体之一。Nd：YAG 晶体的吸收光谱如图 2.10.3 所示。

从 Nd：YAG 的吸收光谱图我们可以看出，Nd：YAG 在 807.5 nm 处有一强吸收峰。我们如果选择波长与之匹配的 LD 作为泵浦源，就可获得高的输出功率和泵浦效率，这时我们称实现了光谱匹配。但是，LD 的输出激光波长受温度的影响，温度变化时，输出激光波长会产生漂移，输出功率也会发生变化。因此，为了获得稳定的波长，需采用具备精确控温的 LD 电源，并把 LD 的温度设置好，使 LD 工作时的波长与 Nd：YAG 的吸收峰匹配。

另外，在实际的激光器设计中，除了吸收波长和出射波长外，选择激光晶体时还需要考虑掺杂浓度、上能级寿命、热导率、发射截面、吸收截面、吸收带宽等多种因素。

（三）端面泵浦固体激光器的模式匹配技术

图 2.10.4 是典型的平凹腔型结构图。激光晶体的一面镀泵浦光增透和输出激光全反膜，并作为输入镜，镀输出激光一定透过率的凹面镜作为输出镜。这种平凹腔容易形成稳定的输

出模，同时具有高的光光转换效率，但在设计时必须考虑到模式匹配问题。

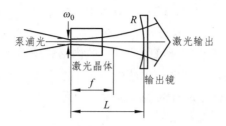

图 2.10.4 端面泵浦的激光谐振腔形式

如图 2.10.4 所示，则半凹腔中的 g 参数表示为：

$$g_1 = 1 - \frac{L}{R_1} = 1, \qquad g_2 = 1 - \frac{L}{R_2} \qquad (2.10.1)$$

根据腔的稳定性条件，$0 < g_1 g_2 < 1$ 时腔为稳定腔。故当 $L < R_2$ 时腔稳定。

同时容易算出其束腰位置在晶体的输入平面上，该处的光斑尺寸为：

$$\omega_0 = \sqrt{\frac{[L(R_2 - L)]^{\frac{1}{2}} \lambda}{\pi}} \qquad (2.10.2)$$

本实验中，R_1 为平面，R_2=200 mm，L=80 mm。由此可以算出 ω_0 大小。

所以，泵浦光在激光晶体输入面上的光斑半径应该 $\leqslant \omega_0$，这样可使泵浦光与基模振荡模式匹配，容易获得基模输出。

（四）半导体激光泵浦固体激光器的被动调 Q 技术

目前常用的调 Q 方法有电光调 Q、声光调 Q 和被动式可饱和吸收调 Q。本实验采用的 Cr^{4+}：YAG 是可饱和吸收调 Q 的一种，它结构简单，使用方便，无电磁干扰，可获得峰值功率大、脉宽小的巨脉冲。

Cr^{4+}：YAG 被动调 Q 的工作原理是：当 Cr^{4+}：YAG 被放置在激光谐振腔内时，它的透过率会随着腔内的光强而改变。在激光振荡的初始阶段，Cr^{4+}：YAG 的透过率较低（初始透过率），随着泵浦作用增益介质的反转粒子数不断增加，当谐振腔增益等于谐振腔损耗时，反转粒子数达到最大值，此时可饱和吸收体的透过率仍为初始值。随着泵浦的进一步作用，腔内光子数不断增加，可饱和吸收体的透过率也逐渐变大，并最终达到饱和。此时，Cr^{4+}：YAG 的透过率突然增大，光子数密度迅速增加，激光振荡形成。腔内光子数密度达到最大值时，激光为最大输出，此后，由于反转粒子的减少，光子数密度也开始减低，则可饱和吸收体 Cr^{4+}：YAG 的透过率也开始减低。当光子数密度降到初始值时，Cr^{4+}：YAG 的透过率也恢复到初始值，调 Q 脉冲结束。

（五）半导体激光泵浦固体激光器的倍频技术

光波电磁场与非磁性透明电介质相互作用时，光波电场会出现极化现象。当强光激光产生后，由此产生的介质极化已不再是与场强呈线性关系，而是明显的表现出二次及更高次的非线性效应。倍频现象就是二次非线性效应的一种特例。本实验中的倍频就是通过倍频晶体实现对 Nd：YAG 和 Nd：YVO$_4$输出的 1 064 nm 红外激光倍频成 532 nm 绿光。

常用的倍频晶体有 KTP、KDP、LBO、BBO 和 LN 等。其中，KTP 晶体在 1064 nm 光附近有高的有效非线性系数，导热性良好，非常适合用于 YAG 激光的倍频。

倍频技术通常有腔内倍频和腔外倍频两种。腔内倍频是指将倍频晶体放置在激光谐振腔之内，由于腔内具有较高的功率密度，因此较适合于连续运转的固体激光器。腔外倍频方式指将倍频晶体放置在激光谐振腔之外的倍频技术，较适合于脉冲运转的固体激光器。

（六）角度相位匹配

将基频光以特定的角度和偏振态入射到倍频晶体，利用倍频晶体本身所具有的双折射效应抵消色散效应，达到相位匹配的要求。角度匹配是高效率产生倍频光的最常用、最主要的方法。

KTP 晶体属于负双轴晶体，对它的相位匹配及有效非线性系数的计算，已有大量的理论研究，通过 KTP 的色散方程，人们计算出其最佳相位匹配角为：

$$\theta = 90°，\quad \phi = 23.3°$$

对应的有效非线性系数 $d_{eff} = 7.36 \times 10^{-12}$ V/m。

（七）掺钕钒酸钇（Nd：YVO$_4$）

掺钕钒酸钇（Nd：YVO$_4$）晶体是一种性能优良的激光晶体，适于制造激光二极管泵浦特别是中低功率的激光器。与 Nd：YAG 相比 Nd：YVO$_4$对泵浦光有较高的吸收系数和更大的受激发射截面。激光二极管泵浦的 Nd：YVO$_4$晶体与 LBO，BBO，KTP 等高非线性系数的晶体配合使用，能够达到较好的倍频转换效率，可以制成输出近红外、绿色、蓝色到紫外线等类型的全固态激光器。

与 Nd：YAG 相比，Nd：YVO4 最大的优势在于更宽的吸收带宽范围内，具有比 Nd：YAG 高 5 倍的吸收效率，而且在 808 nm 左右达到峰值吸收波长，完全能够达到当前高功率激光二极管的标准。这使得我们可以利用更小的晶体来制造体积越来越小的激光器。同时还意味着激光二极管可以用较小的功率输出特定的能量，从而延长了其使用寿命。Nd：YVO$_4$的吸收带宽可达 Nd：YAG 的 2.4 ~ 6.3 倍，这一特性同样具有巨大的开发价值。除了较高的泵浦效率外，在二极管的规格上提供了更大的选择空间，这将为激光器生产商节省更多的制造成本。

Nd：YVO$_4$在 1 064 nm 和 1 342 nm 处具有较大的受激发射截面。在 a 轴方向 Nd：YVO$_4$ 1 064 nm 波的受激发射截面约为 Nd：YAG 的 4 倍，而 1 342 nm 的受激发射截面可达 Nd：YAG 在 1.3 μm 处的 18 倍，故 Nd：YVO$_4$ 1 342 nm 激光的连续输出效率要大大超过 Nd：YAG，这使得 Nd：YVO$_4$激光的两个波长都可以更容易保持一个较强的单线激发。

Nd：YVO$_4$的另一重要特点是它属单轴晶系，仅发射线性偏振光，因此可以避免在倍频转换时产生双折射干扰，而 Nd：YAG 是高匀称性的正方晶体，无此特性。虽然 Nd：YVO$_4$的荧光寿命比 Nd：YAG 短 2.7 倍左右，但是因为 Nd：YVO$_4$具有较高的泵浦量子效率，所以在设计理想的光腔中仍然可获得相当高的斜率效率。

四、实验内容及步骤

（一）LD 安装及系统准直

（1）实验装置图，如图 2.10.5 所示。

（2）将 LD 电源接通。通过上转换片观察 LD 出射光近场和远场的光斑。测量 LD 经快轴压缩后的阈值电流和输出特性曲线。

（3）将耦合系统、激光晶体、输出镜、Q 开关、准直器等各元器件安装在调整架和滑块上。

（4）将准直器安装在导轨上，利用直尺将其调整成光束水平出射，中心高度 50 mm，水平并且水平入射在激光晶体中心位置。

（5）通过调整架旋钮微调耦合系统的倾斜和俯仰，使晶体反射光位于准直器中心，并且准直光通过晶体后仍垂直进入 LD。

（6）通过调整架旋钮微调 Nd：YAG 晶体的倾斜和俯仰，重复上一步的调节步骤。

（7）在准直器前安装 T1 输出镜，调整旋钮使输出镜的反射光点位于准直器中心。

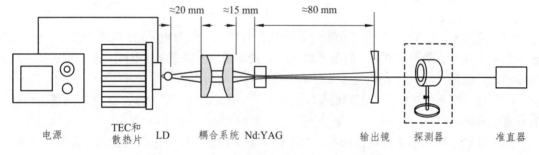

图 2.10.5　半导体泵浦固体激光器实验装置图

（二）半导体泵浦固体激光器调 Q 实验

（1）实验装置图，如图 2.10.6 所示。

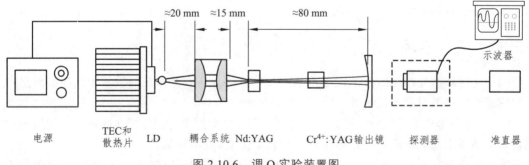

图 2.10.6　调 Q 实验装置图

（2）在准直器前安装 T1 输出镜，调整旋钮使输出镜的反射光点位于准直器中心。根据实验装置图设置其与晶体之间的距离。打开 LD 电源，缓慢调节工作电流到 1.3 A。微调输出镜倾斜和俯仰使系统出光，然后微调激光晶体、耦合系统，使激光输出得到最大值；将 LD 电流调到最小，然后从小到大渐渐增大 LD 电流，从激光阈值电流开始，每格 0.2 A 测量一组固体激光器系统输出功率。结合 LD 的功率-电流关系，在实验报告上绘出激光输出功率-泵浦功率曲线。

（3）更换为 T2 输出耦合镜，重复（2）、（3）的步骤，测试不同 LD 电流下的激光输出功率。

（4）根据实验数据和曲线，计算两种耦合输出下的激光斜效率和光光转换效率，并作简要分析。

（三）半导体泵浦固体激光器倍频实验

（1）实验装置图，如图 2.10.7 所示。

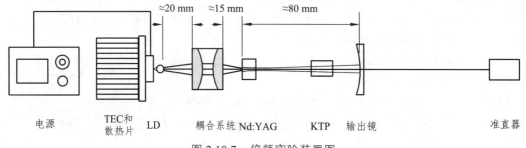

图 2.10.7　倍频实验装置图

（2）安装 Cr^{4+}：YAG 晶体，在准直器前准直后放入谐振腔内。LD 电流调到 1.7 A，观察输出的平均功率，微调调整架，使激光输出平均功率最大；降低 LD 电流到零。然后从小到大缓慢增加，测量 1.7 A、2.0 A、2.3 A 时输出脉冲的平均功率。

（3）安装探测器，取三个不同的 LD 工作电流（1.7 A、2.0 A、2.3 A），分别测量输出脉冲的脉宽、重频。

（4）计算不同功率下的峰值功率，对不同功率下的输出脉冲进行对比，并作简要分析。

（5）将输出镜换为短波通输出镜，微调调整架使其反射光点在准直器中心。打开 LD 电源，取工作电流 1.7 A，微调输出镜、激光晶体、耦合系统的旋钮，使输出激光功率最大。

（6）安装 KTP 晶体（或 LBO），在准直器前准直后放入谐振腔内，倍频晶体尽量靠近激光晶体。调节调整架，使得输出绿光功率最亮；然后旋转 KTP 晶体（或 LBO），观察旋转过程中绿光输出有何变化。

五、注意事项

（1）半导体激光器（LD）对环境有较高要求，因此本实验系统需放置于洁净实验室内。实验完成后，应及时盖上仪器罩，以免 LD 沾染灰尘。

（2）LD 对静电非常敏感。所以严禁随意拆装 LD 和用手直接触摸 LD 外壳。如果确实需要拆装，请带上静电环操作，并将拆下的 LD 两个电极立即短接。

（3）不要自行拆装 LD 电源。电源如果出现问题，请与厂家联系。同时，LD 电源的控制温度已经设定，对应于 LD 的最佳泵浦波长，请不要自行更改。

（4）LD、耦合系统、激光晶体，两两滑块之间距离大约为 32 mm、8 mm，经调整好以后最好不要随意变动，以免影响实验使用。

（5）准直好光路后需用遮挡物（如功率计或硬纸片）挡住准直器，避免准直器被输出的红外激光打坏。

（6）实验过程避免双眼直视激光光路。人眼不要与光路处与同一高度，最好能带上激光防护镜操作。

六、思考题

（1）可饱和吸收调 Q 中激光脉宽、重复频率随泵浦功率如何变化？为什么？

（2）把倍频晶体放在激光谐振腔内对提高倍频效率有何好处？

（3）Nd-YAG 激光能量转换中有哪些能量转换环节？

实验十一 光纤激光器综合实验

光纤激光器和以往的激光器相比具有体积小、重量轻、光束质量好、效率高和免维护等诸多特点，成为近年来研究和开发中进展最快的一类新型激光器件。其中，掺镱（Yb^{3+}）光纤激光器具有极高的量子效率，运用包层泵浦技术，能够获得功率高达上万瓦的连续激光，尤其适合发展为实用化器件，在工业、医疗、军事、通信等领域已获得重要应用，成为传统固体激光器最有力的竞争者。

一、实验目的

（1）通过本实验理解激光原理和光纤光学的基本概念。

（2）通过本实验了解光纤激光器的主要特点和工作原理。

（3）通过本实验掌握光纤激光器实验系统的基本结构、设计思路和搭建方法。

（4）通过本实验掌握光纤激光器的主要特性和测试方法。

二、实验仪器

准直激光器、光纤激光器谐振腔组件、功率计、快速探测器等。

三、实验原理

光纤激光器是以掺稀土光纤或光纤基质作为增益介质的一类激光器。与传统的固体激光器相比，光纤激光器具有以下突出的特点：（1）泵浦光被束缚在光纤内，能够实现高能量密度泵浦；采用低损耗长尺寸光纤，即使单位长度平均增益低也能获得大的总增益，可以获得在块状激光介质中难以实现的激光辐射。因此光纤激光器泵浦阈值低、能量转换效率高；（2）光纤介质具有很大的表面积/体积比，无需采用强制冷却（水冷、风冷等）措施，光纤激光器就能实现正常工作，极大降低了器件复杂性、减小了系统体积，使用维护更加方便；（3）光纤激光器谐振腔具有波导结构，模式控制容易实现，能够获得高质量、高功率的激光束。光纤激光器的这些固有特点，为研制高性能、全固化、超紧凑的新型激光器创造了十分有利的条件，成为近年来研究和开发中进展最快的一类新型激光器件。

（一）光纤激光器的原理和基本结构

光纤激光器的基本结构与其他激光器基本相同，主要由泵浦源、耦合光学系统、掺稀土元素光纤、谐振腔等部件构成，如图 2.11.1 所示。泵源由一个或多个大功率半导体激光器构成，其发出的泵浦光经耦合器进入作为增益介质的掺稀土元素光纤，泵浦光的能量被掺杂光纤介质吸收，形成粒子数反转，受激辐射的光波经谐振腔镜的反馈和振荡形成光输出。

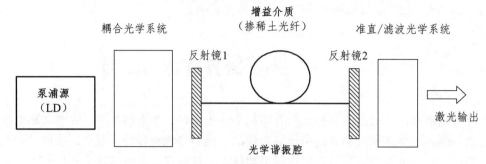

图 2.11.1 光纤激光器基本结构示意图

（二）激光工作物质

光纤激光器通常是以掺稀土元素光纤作为增益介质。在 15 种稀土元素中，比较常用的掺杂离子有 Nd^{3+}、Yb^{3+}、Er^{3+}、Tm^{3+} 和 Ho^{3+}，如图 2.11.2 所示，上述几种稀土离子在石英光纤介质中的输出激光波长大致为 1060 nm、1030 nm ~ 1150 nm、1550 nm、1.9 μm ~ 2 μm。

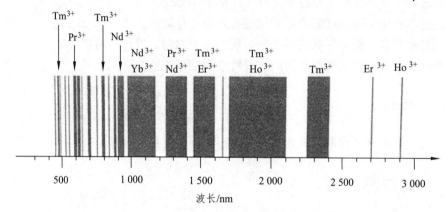

图 2.11.2 掺稀土光纤的激光发射波长带

其中，掺 Er^{3+} 光纤激光器的输出波长对应光纤通信主要窗口 1.5 μm，是目前应用最广泛和技术最成熟的光纤激光器之一；掺 Tm^{3+}、掺 Ho^{3+} 光纤激光器的输出波长在 2.0 μm 左右，用该波段激光器进行手术时，激光照射部位血液迅速凝结，手术创面小，止血性好，又由于该波段激光对人眼是安全的，因此在医疗和生物研究方面有广泛的应用前景；掺 Yb^{3+} 光纤激光器具有较宽的吸收带（800 nm ~ 1 000 nm）和相当宽的激射带（1 030 nm ~ 1 150 nm），具有量子效率高、增益带宽大以及无激发态吸收、无浓度淬灭等优点，可以采用波长位于 915 nm或 980 nm 附近的多模大功率半导体激光器（LD）泵浦，在 1.06 μm 波段获得斜效率高达 80%以上的激光输出，并在宽达 100 nm 以上的波长范围内连续调谐。

（三）谐振腔

与一般的激光器一样，光纤激光器的谐振腔既可以采用线形腔结构，也可以采用环形腔结构。由于光纤波导的固有特点，这两类谐振腔又可以包括许多具体的构成方式，使光纤激光器表现出鲜明的特点。

（1）线形腔

线形腔又称 F－P 腔，依所用反馈元件的不同，它又可以分为多种类型，如：反射镜型、光纤光栅型和光纤环形镜型等。在实际器件中应用最多的是前两种，简介如下。

① 反射镜型 F－P 腔。

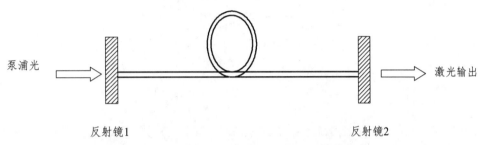

掺稀土光纤

泵浦光 →　反射镜1　　　　　　反射镜2　→ 激光输出

图 2.11.3　二色镜型 F－P 腔光纤激光器结构示意图

如图 2.11.3 所示，通过在增益光纤的两端配置二向色反射镜（简称二色镜）来构成谐振腔。其中位于泵浦注入端的二色镜，对泵浦光高透射而对激光高反射；位于输出端的二色镜，对泵浦光高反射而对激光有适当的透过率。采用二色镜作为腔镜在技术上容易实现，但是谐振腔的调整精度要求比较高，且不能精确选择激光器的输出波长，激光器的单色性较差，使得激光器的实用性受到一定限制。

② 光纤光栅型 F－P 腔。

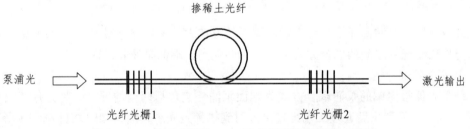

掺稀土光纤

泵浦光 →　光纤光栅1　　　　　　光纤光栅2　→ 激光输出

图 2.11.4　光纤光栅型 F－P 腔光纤激光器结构示意图

如图 2.11.4 所示，在掺稀土光纤两端熔接或直接刻写光纤光栅作为反馈元件。光纤光栅是透过紫外光诱导在光纤纤芯内形成折射率周期性变化结构的低损耗全光纤器件，具有非常好的波长选择性，它对腔内激光相当于高反射镜或部分反射镜，而对于泵浦光则基本上是完全透明的。这种腔结构克服了腔镜与光纤之间的耦合损耗，实现了激光器的全光纤集成，而且可以在掺稀土光纤增益谱内的任意波长处获得窄线宽的激光输出，并且可望借助光纤光栅的调谐性能实现激光波长的宽带调谐，更适合于发展为实用化、商品化的器件。目前这种模块化的器件已经推出产品，输出功率能够达到 10 kW 以上。

（2）环形腔

环形腔也是光纤激光器中经常采用的一种谐振腔结构形式。环形腔通常为行波腔，可以避免激光增益的"空间烧孔"效应，有利于获得单色性很好的激光输出，也有助于激光的稳定性。在环形腔里可以不用反射镜，只用波分复用耦合器（WDM）和掺杂光纤构成一个环形结构。为保证激光的单向运行，通常在环形腔内串入一个隔离器（ISO：Isolator），如图 2.11.5 所示。另外，如果掺杂光纤为非保偏光纤，还需要使用偏振控制器（PC：Polarization Controller），以消除偏振模竞争。

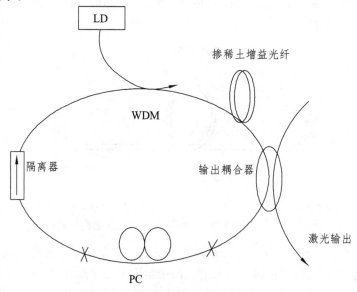

图 2.11.5　环形腔光纤激光器结构示意图

另外，根据实际的需要，还有很多其他特殊结构的光纤谐振腔。受到泵浦耦合等相关技术的制约，目前在高功率光纤激光器中使用最多的是 F－P 腔。

（四）泵浦源

光纤激光器的泵浦源通常为带有输出尾纤的温控大功率半导体激光器（LD）或 LD 阵列。泵浦源与掺稀土光纤之间的耦合方式可以分为两大类：端面泵浦和侧面泵浦。

（1）端面泵浦

光纤激光器最简单的泵浦耦合方式为端面泵浦，它包括两类情况：一种是用于反射镜型 F－P 腔，泵浦光经聚焦后通过二色镜直接入射到掺稀土光纤端面，如图 2.11.6（a）所示。另一种是用于泵浦光纤光栅型的光纤激光器，如图 2.11.6（b）所示，把半导体激光器的输出尾纤与掺稀土光纤的入射端面直接熔接起来，这种端面泵浦方式结构简单紧凑、稳定性好，实现了激光器的全光纤化。

（2）侧面泵浦

侧面泵浦是通过 V 形槽、棱镜或"树杈形"多模光纤等结构使泵浦光从掺稀土增益光纤的侧面耦合进入，它既适用于线形腔结构也可用于环形腔结构。这种泵浦耦合方式避免了在注入端加波长选择光元件（如二色镜、波分复用器等），从而可以使掺杂光纤方便地直接和其他光纤熔接，并且可以在掺稀土光纤的全长度上进行多点泵浦。

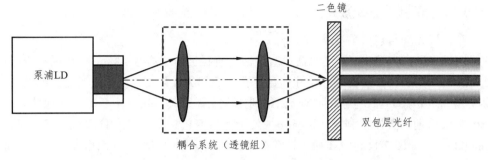

（a）二色镜型光纤激光器的端面泵浦

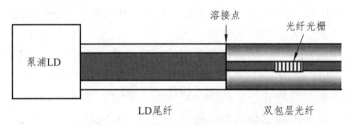

（b）光纤光栅型全光纤化激光器的端面泵浦

图 2.11.6　光纤激光器的端面泵浦结构示意图

目前，商品化程度最高的是（N+1）×1"树杈形"（注：N代表多模耦合光纤的个数）多模光纤泵浦耦合器，如图 2.11.7 所示，其理论耦合效率可达到 90%以上。

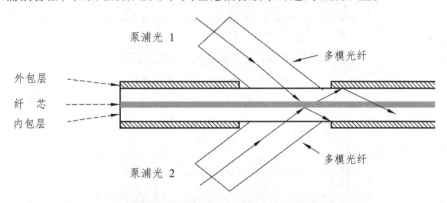

图 2.11.7　"树杈形"多模光纤侧面泵浦耦合器结构示意图

依据增益光纤中泵浦光的传输方向相对于激光的输出方向，通常将泵浦源（LD）的基本配置方式分为三类：前向泵浦（泵浦光和激光输出同向）、后向泵浦（泵浦光和激光输出反向）和双向泵浦（前向泵浦与后向泵浦结合）。研究表明，前向泵浦可使泵浦光注入端与激光输出端相分离，因此在端面泵浦耦合结构中最为方便。但光纤中的光功率分布及增益分布都很不均匀，在大功率泵浦的情况下容易造成注入端的光纤熔融。后向泵浦容易获得较高的激光输出，增益分布也较为平坦，但同前向抽运一样存在抽运光分布不均的问题。两端泵浦耦合结构复杂一些，但可以大大降低注入端的功率密度，并且光纤内的功率密度及增益分布都较为均匀，因此适合于泵浦高功率光纤激光器。

（五）掺镱双包层光纤激光器

（1）双包层光纤与包层泵浦技术

在早期的光纤激光器中，泵浦光需要直接注入直径通常只有 5～8 μm 的掺稀土光纤芯内，如图 2.11.8（a）所示，由于受纤芯尺寸和数值孔径的制约，泵浦光耦合进增益区的效率很低，因此早期光纤激光器的输出功率通常只能达到几十毫瓦，其应用也主要限制在通信领域。20世纪 80 年代后期，美国宝利来（Polarid）公司等研究机构研制了一种双包层光纤（Double Cladding Fiber），如图 2.11.8（b）所示，它在原光纤包层（内包层）外面增加了一个具有更低折射率的外包层，形成了双包层结构。

在这种双包层结构的光纤中，泵浦光不是直接进入到纤芯中，而是先进入到包围纤芯的内包层中。内包层的作用一方面是限制振荡激光在纤芯中传播，保证输出激光的光束质量高，另一方面的作用是构成泵浦光的传播通道，在整个光纤长度上传输的过程中，泵浦光从多模的内包层耦合到单模的纤芯中，从而延长了泵浦长度以使泵浦光被充分吸收。同时，内包层的直径（一般大于 100 μm）和数值孔径均远大于纤芯，使得聚焦后的泵浦光可以高效地耦合进内包层；而普通单模光纤激光器要获得单模输出，泵浦光也必须是单模的，但单模泵浦源功率一般很低。包层泵浦机制的提出和双包层光纤的研制成功，使光纤激光器的斜率效率达到 80%以上，输出功率提高了 5～6 个量级。

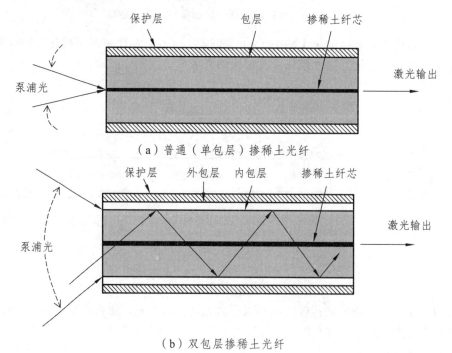

图 2.11.8　双包层掺稀土光纤与普通掺稀土光纤结构比较示意图

内包层的形状和与纤芯的配置方式是双包层光纤设计的关键技术之一。圆形同心结构的双包层光纤制作最为简单，但研究表明，泵浦光在这种光纤中会产生大量的螺旋光，它们传播时不经过纤芯，不能被吸收利用。为了消除螺旋光提高泵浦效率，迄今为止人们研制出各种具有不同内包层形状的双包层光纤，如方形、矩形、多边形、星形、梅花形和 D 形等，几种典型双包层光纤的横截面结构如图 2.11.9 所示。

（2）Yb³⁺离子的能级结构与激光跃迁过程

与其他稀土离子相比，Yb³⁺能级结构十分简单，与激光跃迁相关的能级只有两个多重态能级 $2F_{5/2}$ 和 $2F_{7/2}$。由于 Yb3+ 的能级结构中没有其他的上能级存在，因此在泵浦光波长和激光波长处都不存在激发态吸收；同时，两能级间隔比较大（在 10 000 cm⁻¹），有利于消除多声子非辐射驰豫和浓度淬灭效应，因此掺 Yb³⁺玻璃基质的激光辐射一般具有很高的量子效率。

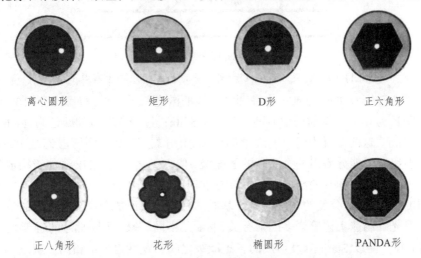

离心圆形　　　　矩形　　　　D形　　　　正六角形

正八角形　　　　花形　　　　椭圆形　　　　PANDA形

图 2.11.9　双包层掺稀土光纤的内包层截面形状示意图

在室温条件下，由于光纤基质的作用，$2F_{5/2}$ 分裂为 2 个 Stark 子能级，$2F_{7/2}$ 分裂为 3 个 Stark 子能级，Yb³⁺激光跃迁就发生在这些 Stark 子能级之间。激光跃迁过程和泵浦源的波长有关，可分为两类情况：

（1）当泵浦光位于短波长区（如 915 nm）时，存在三种可能的激光跃迁过程，如图 2.11.10（a）所示。过程 I 对应的跃迁为 d→c，发射的中心波长为 1 075 nm；过程 II 对应的跃迁为 d→b，发射中心波长为 1 031 nm；过程Ⅲ对应的跃迁为 d→a，发射中心波长为 976 nm。其中过程Ⅲ的激光下能级为基态，因此为三能级系统；过程 I 和 II 的激激光下能级（b 或 c）均为 Stark 分裂产生的、处于基态子能级之上的子能级，具有四能级系统的特点，但是由于子能级 b 或 c 距离基态很近，在泵浦不充分的情况下，能级 b 或 c 上仍可能存留较多的粒子，因此严格说来它们应属于"准四能级"系统。

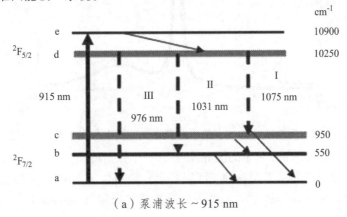

（a）泵浦波长～915 nm

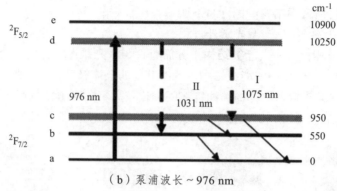

（b）泵浦波长～976 nm

图 2.11.10　石英光纤中 Yb^{3+} 激光跃迁机制示意图（室温）

（2）当泵浦光波长为 976 nm 时，存在两种可能的激光跃迁过程，如图 2.11.10（b）所示。过程 I 对应的跃迁为 d→c，发射的中心波长为 1 075 nm；过程 II 对应的跃迁为 d→b，发射中心波长为 1 031 nm。这两个过程的下能级也都是 Stark 分裂产生的、处于基态之上的子能级。虽然在室温下能级 d 不能分辨出两个清晰的子能级，但它仍然是由 Stark 子能级构成的多重态展宽的能级，因此过程 I 和 II 的激光跃迁也具有准四能级系统的特点。

应该说明的是，Stark 分裂的宽度与光纤基质的材料、杂质成分、Yb^{3+} 掺杂的浓度、光纤的均匀程度以及光纤制造工艺等诸多因素有关，因此，不同厂家、不同批号的石英光纤中 Yb^{3+} 离子的 $2F_{5/2}$ 和 $2F_{7/2}$ 能级 Stark 分裂形成的各子能级之间的宽度也各不相同。所以，不同子能级之间的激光跃迁所产生的中心波长也会有所变化，这种变化在几纳米至十几纳米。

（3）Yb^{3+} 离子的光谱特性

能级结构决定了光纤基质中 Yb^{3+} 离子的光谱特性。Yb^{3+} 在石英玻璃基质中的吸收截面和发射截面如图 2.11.11 所示。可以看到，Yb^{3+} 离子在 915 nm 和 976 nm 有两个吸收峰，其中 915 nm 处的吸收峰很宽（50 nm），但是吸收截面较小；976 nm 处的吸收峰很窄，但是其吸收截面很大，约是前者的 4 倍。

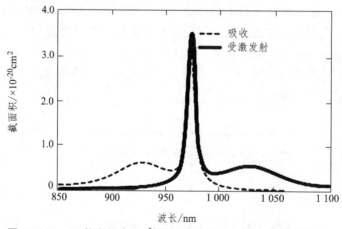

图 2.11.11　石英光纤中 Yb^{3+} 的吸收截面（实线）和发射截面（虚线）

发射截面曲线中在 976 nm 和 1 030 nm 处各有一个发射峰，其中 976 nm 处发射峰与吸收曲线的吸收峰基本重合，显示了明显的二能级特点；峰值位于 1 030 nm 的发射截面较小，但是覆盖很宽的光谱范围，这是掺 Yb^{3+} 光纤激光器能够实现宽达 100 nm 以上波长调谐的内因。

根据掺镱光纤的吸收谱可知，掺镱光纤激光器最适宜的泵浦波长有两个：915 nm 和 976 nm。其中第一个泵浦波长位于一个较宽的吸收带内，它吸收系数较低，适合于采用大线宽的泵浦源，而且对泵浦光的波长特性要求不严格；第二个泵浦波长位于 976 nm 吸收峰的中心，它具有较高的吸收系数，但由于这个吸收峰很窄，因此要求泵浦源输出波长的线宽小于 4 nm，并且对泵浦波长的稳定性也有较高要求。所幸，目前高功率 LD 的工艺性能完全可以达到这个要求。

（六）掺镱双包层光纤激光器实验系统

本实验系统采用模块化设，泵浦源（半导体激光器 LD）、工作物质（掺镱双包层光纤 Yb-DCF）和谐振腔（反射镜型）均具有独立性，通过组合连接构成一台完整的掺镱光纤激光器，如图 2.11.12 所示。

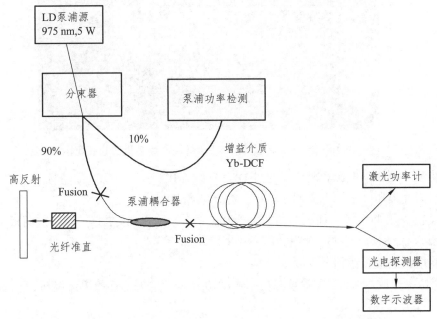

图 2.11.12　掺镱双包层光纤激光器实验系统结构示意图

该系统利用泵浦耦合器实现了侧向泵浦，简化了耦合结构，保证了耦合效率。泵浦耦合器的泵浦输入端通过 SMA 连接器与泵浦激光器的尾纤相连（耦合效率可以达到 80%以上），泵浦耦合器的输出端与掺镱双包层光纤相熔接。泵浦激光器发射的多模泵浦光经由泵浦耦合器注入掺镱双包层光纤的内包层，在内包层传播过程中历经反射多次进入纤芯，实现对纤芯中基态镱离子的激发。

谐振腔有两种构成方式：

（1）由置于泵浦耦合器的信号光注入端的高反射镜（对 1 060 nm 波段反射率大于 99%）与掺镱双包层光纤一端的光纤端面（产生约 4%菲涅尔反射），构成前向泵浦模式的光纤激光器；（2）将高反射镜置于掺镱双包层光纤的一端，与泵浦耦合器的信号光注入端的光纤端面（产生约 4%菲涅尔反射），构成后向泵浦模式的光纤激光器。为了提高反射镜与光纤之间的信号光耦合效率，在泵浦耦合器的信号光注入端和掺镱双包层光纤的输出端分别配置了一支光纤准直镜。

四、实验内容及步骤

（一）半导体激光器泵源 P-I 特性曲线测量实验

（1）根据实验装配图（图2.11.13）搭建各器件。

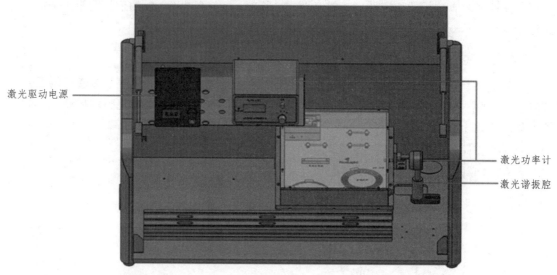

图2.11.13　半导体激光器泵源 P-I 特性曲线测量实验装配图

（2）将激光器驱动电源和测试座通过 DB9 针线连接。

（3）将激光器驱动电源电流调制最小，打开电源开关。

（4）设置 R_T，将电源后面板的两个拨档开关调节至 R_1 挡和 T-挡，调节前面板 R_T 旋钮，使数值显示为-12.5，此时 TEC 控温约为 20 ℃。

（5）将电源后面板拨挡开关调至 C 挡。

（6）将功率计放在谐振腔的"泵源功率测试端"，调节电源前面板电流旋钮，每间隔 0.2 A，记录一组功率值。

（7）将数据填入表2.11.1，并拟合曲线。

表2.11.1　泵源的 P-I 特性测试数据

I/A	P/mW	P/1%/mW
0.2		
0.4		
0.6		
0.8		
1.0		
1.2		
1.4		
1.8		
2.0		
2.2		
2.4		

I/A	P/mW	P/1%/mW
2.6		
2.8		
3.0		
3.2		
3.4		
3.6		

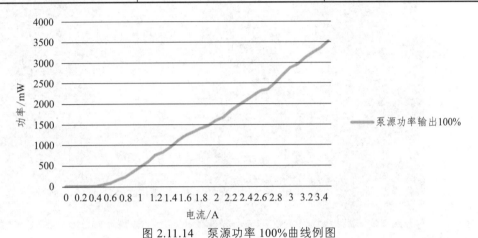

图 2.11.14　泵源功率 100%曲线例图

（8）将激光器供电电流调节至 2 A，R_T=-12.5 kΩ，每间隔 1 min 测试泵源功率。

表 2.11.2　不同时刻泵源输出功率 P（I=2 A）

时间/min	1	2	3	4	5	6	7	8	9	10
功率/mW										

由下式计算该激光器功率输出稳定性：

$$S = \frac{\left|\Delta\overline{P}\right|}{\overline{P}}$$

（9）将供电电流调节至最小，关闭电源。

（二）前向泵浦光纤激光器搭建与调试实验

（1）根据实验装配图（图 2.11.15）搭建各器件。

（2）先取下后腔镜，调整指示光，指示光耦合进光纤，使指示光在泵浦输出端最亮。

（3）加入后腔镜，后腔镜尽量贴近谐振腔，微调可通过下方侧推平移台实现，调节后腔镜的俯仰、偏摆，使指示光光斑返回到出光口。

（4）遮挡或取下指示光，将激光器驱动电源电流调制最小，打开电源开关。

（5）设置 R_t，将电源后面板的两个拨挡开关调节至 R_1 挡和 T-挡，调节前面板 R_T 旋钮，使数值显示为-12.5，此时 TEC 控温约为 20 ℃。

（6）将电源后面板拨挡开关调至 C 挡。

（7）将功率计放在谐振腔的"泵浦输出端"，缓慢调节电源前面板电流旋钮，当发现功率有明显变大时说明有泵浦光输出（一般电流值会在 1 A 左右，此电流为泵浦输出的阈值电流），此时遮挡住后腔镜，会发现功率有明显下降。

（8）固定电流值（需要大于阈值电流），调节后腔镜的俯仰、偏摆，使功率输出最大。

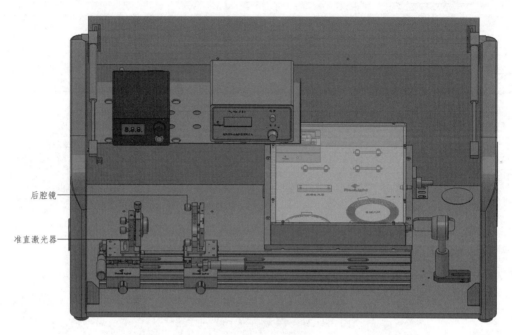

图 2.11.15　前向泵浦光纤激光器搭建与调试实验装配图

（三）光纤激光器输出功率特性曲线测量实验

（1）根据实验 2 步骤搭建系统。

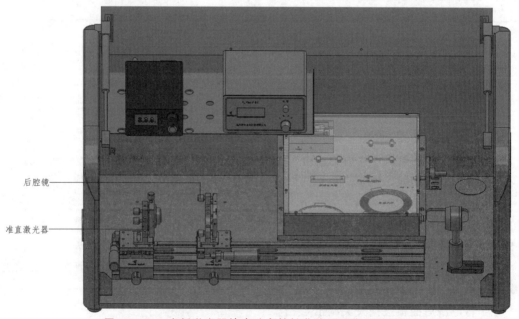

图 2.11.16　光纤激光器输出功率特性曲线测量实验装配图

（2）固定 R_T=−12.5 kΩ，调节电流，每间隔 0.2 A，记录泵浦功率输出，填写表 2.11.3，并拟合曲线。

表 2.11.3　泵浦输出功率测试数据

I/A	P/mW
0.2	
0.4	
0.6	
0.8	
1.0	
1.2	
1.4	
1.8	
2.0	
2.2	
2.4	
2.6	
2.8	
3.0	
3.2	
3.4	
3.6	

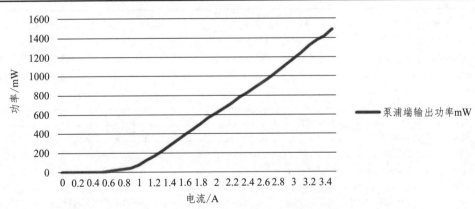

图 2.11.17　泵浦端功率输出特性曲线例图

（四）LD 工作温度对光纤激光器输出特性的影响实验

（1）根据实验 2 步骤搭建系统，调节出光。

（2）保持激光器驱动电流不变，（例如：3.5 A），将电源后面板拨挡开关调至 R_1 挡，调节 R_T 阻值，改变激光器工作温度。

（3）每间隔 0.5，测量光纤激光器泵浦输出功率，填入表 2.11.4 中。

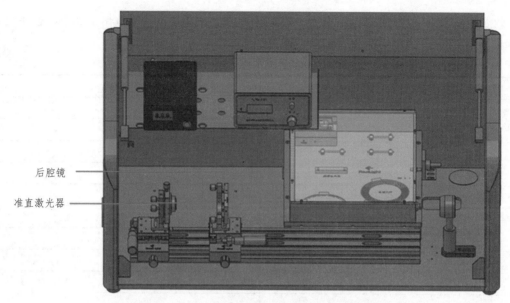

后腔镜

准直激光器

图 2.11.18　LD 工作温度对光纤激光器输出特性的影响实验装配图

表 2.11.4　不同温度下的泵浦输出功率数据

R_T 值/Ω	−8	−8.5	−9	−9.5	−10	−10.5	−11	−11.5	−12
泵源 λ/nm（选作）									
I=3 A									
I=4 A									
I=5 A									

图 2.11.19　温度对应泵浦输出功率曲线例图

（4）利用光谱仪测量不同温度下的半导体激光波长，填入表 2.11.4。*（选作）

表 2.11.5　不同温度下的泵源 LD 激光中心波长数据*（选作）

R_T 值/Ω	−8	−8.5	−9	−9.5	−10	−10.5	−11	−11.5	−12
λ/nm									

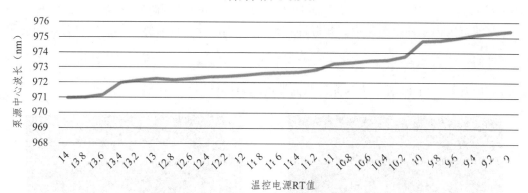

温度对应泵源中心波长曲线
（测试条件：I=3.5 A）

图 2.11.20　温度对应泵源中心波长例图

（5）利用表 2.11.4、表 2.11.5 的数据，分析泵浦激光器工作温度对光纤激光器输出特性的影响，并结合半导体激光器理论和掺镱光纤激光器理论解释其原因。

（五）光纤激光器自调 Q 与自锁模实验

（1）根据实验（二）步骤搭建系统。

（2）移走光纤激光器输出端的功率计，放入由光电探测器和示波器组成的高速脉冲探测系统，记录不同泵浦电流下的光纤激光器输出波形。

（3）如图 2.11.22（a）所示，在一定的泵浦范围内将观察到微秒级宽度的小脉冲序列，即出现"自调 Q"。自调 Q 脉冲的强度、宽度和间隔存在较大的随机性、自发性，但总的趋势是随着泵浦电流增大，自脉冲间隔变小，脉冲数目增加；当泵浦电流足够大时，自调 Q 将减弱，乃至消失。

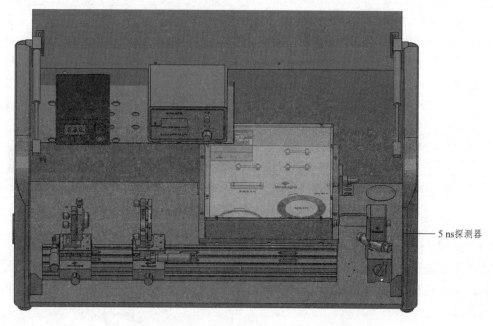

图 2.11.21　光纤激光器自调 Q 与自锁模实验装配图

（4）通过调节示波器量程，使上述"自调 Q"脉冲在显示屏上展开，能够观察到在每个"自调 Q"脉冲包络内都存在一系列时间间隔（Δt）相等的更短脉冲，如图 2.11.22（b）所示。在一定泵浦范围内泵浦电流越大，短脉冲越显著。测出 Δt，容易验证其恰好符合熟知的锁模激光脉冲间隔公式 $\Delta t = \dfrac{c}{2Ln}$（这里 c 代表真空中的光速，L 为光纤激光器谐振腔的长度，n 为光纤纤芯的有效折射率），故称为光纤激光器的"自锁模"。

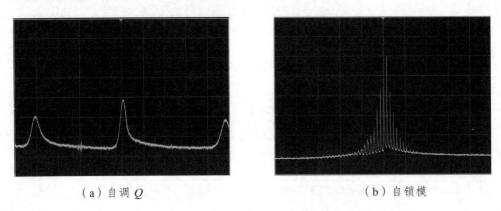

（a）自调 Q （b）自锁模

图 2.11.22　掺镱双包层光纤激光器自调 Q 与自锁模脉冲

（六）光纤激光器光谱特性测量实验*（选作）

（1）根据实验（五）步骤（2）搭建系统。

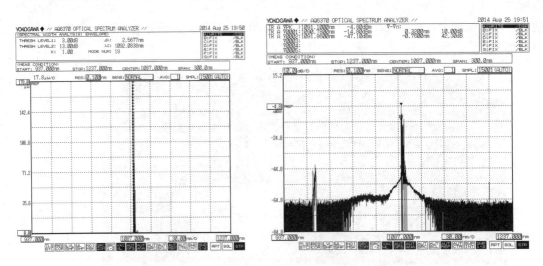

图 2.11.23　掺镱双包层光纤激光器输出光谱图

（2）利用光谱仪采集不同泵浦条件下光纤激光器的输出光谱。

（3）从光谱图分析得出光纤激光器的中心波长、谱线宽度等信息；直观体会激光器由自发辐射向受激辐射转化的动态过程，准确研判出激光器的振荡阈值；分析输出激光中剩余的泵浦光含量。

五、注意事项

（1）在半导体激光器泵源 *P-I* 特性曲线测量实验第 6 步操作时，此功率值为实际泵浦源功率的 1%。

（2）在 LD 工作温度对光纤激光器输出特性的影响实验第 3 步操作时，测量时，需要等 RT 阻值恒定不变时，才可记录数据。

（3）在光纤激光器自调 *Q* 与自锁模实验中，"自调 *Q*" 和 "自锁模" 一般可解释为掺镱双包层光纤自身的一种可饱和吸收行为。但研究表明，"自调 *Q*" 和 "自锁模" 往往是多种物理机制共同作用的结果。

六、思考题

（1）与传统的固体激光器相比，光纤激光器有何特点？

（2）双包层光纤的发明对于光纤激光器的发展有何意义？

（3）选择半导体激光器作为光纤激光器的泵浦源应注意哪些问题？

（4）光纤激光器为何会出现自调 *Q* 和自锁模？

（5）本实验系统有哪些需要改进之处？如何改进？

七、补　充

核心器件介绍：

1. 谐振腔组件（图 2.11.24）

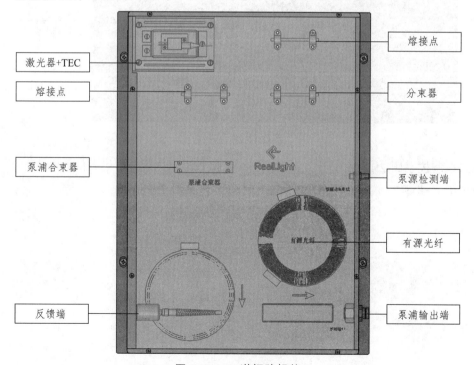

图 2.11.24　谐振腔组件

2. 激光驱动电源（图 2.11.25）

图 2.11.25　激光驱动电源

开机前检验电流电位器是否最小，工作指示灯绿灯亮表示正常工作，红灯亮表示报错，红灯亮是请即使关闭电源，检查线路是否连接。

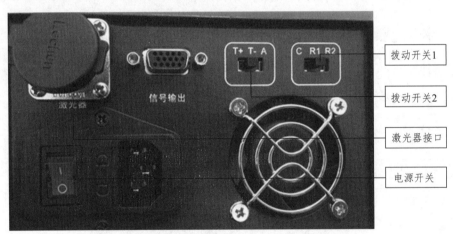

图 2.11.26　开关

通过控制拨动图 2.11.26 中开关 1 来控制显示面板显示内容，C 代表供电电流显示，R_1 代表热敏电阻 R_T 值显示。

实验一　晶体的电光效应实验

当给晶体或液体加上电场后，该晶体或液体的折射率发生变化，这种现象称为电光效应。电光效应在工程技术和科学研究中有许多重要应用，它有很短的响应时间（可以跟上频率为 10^{10}Hz 的电场变化），可以在高速摄影中作快门或在光速测量中作光束斩波器等。在激光出现以后，电光效应的研究和应用得到迅速的发展，电光器件被广泛应用在激光通讯、激光测距、激光显示和光学数据处理等方面。

一、实验目的

（1）掌握晶体电光调制的原理和实验方法。
（2）了解一种激光通信的方法。

二、实验仪器

晶体电光调制试验仪、示波器、MP3 播放器、音箱、直流电源（5 V，1 A）。

三、实验原理

（一）一次电光效应和晶体的折射率椭球

由电场所引起的晶体折射率的变化，称为电光效应。通常可将电场引起的折射率的变化用下式表示

$$n=n_0+aE_0+bE_0^2+\cdots\cdots \tag{3.1.1}$$

式中 a 和 b 为常数，n_0 为不加电场时晶体的折射率。由一次项 aE_0 引起折射率变化的效应，称为一次电光效应，也称线性电光效应或普克尔（Pokells）效应；由二次项 bE_0^2 引起折射率变化的效应，称为二次电光效应，也称平方电光效应或克尔（Kerr）效应。一次电光效应只存在于不具有对称中心的晶体中，二次电光效应则可能存在于任何物质中，一次效应要比二次效应显著。

光在各向异性晶体中传播时，因光的传播方向不同或者是电矢量的振动方向不同，光的折射率也不同。如图 3.1.1，通常用折射率球来描述折射率与光的传播方向、振动方向的关系。在主轴坐标中，折射率椭球及其方程为：

$$\frac{x^2}{n_1^2} + \frac{y^2}{n_2^2} + \frac{z^2}{n_3^2} = 1 \qquad (3.1.2)$$

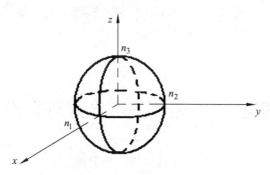

图 3.1.1　折射率球

式中 n_1、n_2、n_3 为椭球三个主轴方向上的折射率，称为主折射率。当晶体加上电场后，折射率椭球的形状、大小、方位都发生变化，椭球方程变成

$$\frac{x^2}{n_{11}^2} + \frac{y^2}{n_{22}^2} + \frac{z^2}{n_{33}^2} + \frac{2yz}{n_{23}^2} + \frac{2xz}{n_{13}^2} + \frac{2xy}{n_{12}^2} = 1 \qquad (3.1.3)$$

晶体的一次电光效应分为纵向电光效应和横向电光效应两种。纵向电光效应是加在晶体上的电场方向与光在晶体里传播的方向平行时产生的电光效应；横向电光效应是加在晶体上的电场方向与光在晶体里传播方向垂直时产生的电光效应。通常 KD_2PO_4（磷酸二氘钾）类型的晶体用它的纵向电光效应，$LiNbO_3$（铌酸锂）类型的晶体用它的横向电光效应。本实验研究铌酸锂晶体的一次电光效应，用铌酸锂晶体的横向调制装置测量铌酸锂晶体的半波电压及电光系数，并用两种方法改变调制器的工作点，观察相应的输出特性的变化。

表 3.1.1　电光晶体（electro-optic crystals）的特性参数

点群对称性	晶体材料	折射率		波长（μm）	一次光电系数（10^{-12} m/V）
		n_o	n_e		
$3m$	$LiNbO_3$	2.286	2.203	0.633	$\gamma_{13} = \gamma_{23} = 10, \gamma_{33} = 32$ $\gamma_{42} = \gamma_{51} = 28, \gamma_{22} = 6.8$ $\gamma_{12} = \gamma_{61} = -\gamma_{22}$
32	Quartz（SiO_2）	1.544	1.553	0.589	$\gamma_{41} = -\gamma_{52} = 0.2$ $\gamma_{62} = \gamma_{21} = -\gamma_{11} = 0.93$
$\overline{4}2m$	KH_2PO_4（KDP）	1.5115	1.4698	0.546	$\gamma_{41} = \gamma_{52} = 8.77, \gamma_{63} = 10.3$
		1.5074	1.4669	0.633	$\gamma_{41} = \gamma_{52} = 8, \gamma_{63} = 11$
$\overline{4}2m$	$NH_4H_2PO_4$（ADP）	1.5266	1.4808	0.546	$\gamma_{41} = \gamma_{52} = 23.76, \gamma_{63} = 8.56$
		1.5220	1.4773	0.633	$\gamma_{41} = \gamma_{52} = 23.41, \gamma_{63} = 7.828$

点群对称性	晶体材料	折射率		波长（μm）	一次光电系数（10^{-12}m / V）
		n_o	n_e		
$\overline{4}3m$	KD$_2$PO$_4$（KD*P）	1.5079	1.4683	0.546	$\gamma_{41} = \gamma_{52} = 8.8, \gamma_{63} = 26.8$
$\overline{4}3m$	GaAs	3.60		0.9	$\gamma_{41} = \gamma_{52} = \gamma_{63} = 1.1$
		3.34		1.0	$\gamma_{41} = \gamma_{52} = \gamma_{63} = 1.5$
		3.20		10.6	$\gamma_{41} = \gamma_{52} = \gamma_{63} = 1.6$
$\overline{4}3m$	InP	3.42		1.06	$\gamma_{41} = \gamma_{52} = \gamma_{63} = 1.45$

（二）电光调制原理

要用激光作为传递信息的工具，首先要解决如何将传输信号加到激光辐射上去的问题，我们把信息加载于激光辐射的过程称为激光调制，把完成这一过程的装置称为激光调制器。由已调制的激光辐射还原出所加载信息的过程则称为解调。因为激光实际上只起到了"携带"低频信号的作用，所以称为载波，而起控制作用的低频信号是我们所需要的，称为调制信号，被调制的载波称为已调波或调制光。按调制的性质而言，激光调制与无线电波调制相类似，可以采用连续的调幅、调频、调相以及脉冲调制等形式，但激光调制多采用强度调制。强度调制是根据光载波电场振幅的平方比例于调制信号，使输出的激光辐射的强度按照调制信号的规律变化。激光调制之所以常采用强度调制形式，主要是因为光接收器一般都是直接地响应其所接受的光强度变化的缘故。

激光调制的方法很多，如机械调制、电光调制、声光调制、磁光调制和电源调制等。其中电光调制器开关速度快、结构简单。因此，在激光调制技术及混合型光学双稳器件等方面有广泛的应用。电光调制根据所施加的电场方向的不同，可分为纵向电光调制和横向电光调制。下面我们来具体介绍一下调制原理和典型的调制器。

（1）铌酸锂晶体横调制（Transverse Modulation）

如图 3.1.2 为横调制器示意图。电极 D$_1$、D$_2$ 与光波传播方向平行。外加电场则与光波传播方向垂直。

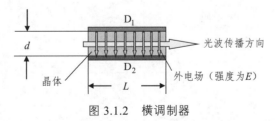

图 3.1.2　横调制器

我们已经知道，电光效应引起的相位差 Γ 正比于电场强度 E 和作用距离 L（即晶体沿光轴 z 的厚度）的乘积 EL、E 正比于电压 V，反比于电极间距离 d，因此

$$\Gamma \sim \frac{LV}{d} \qquad\qquad (3.1.4)$$

对一定的 Γ，外加电压 V 与晶体长宽比 L/d 成反比，加大 L/d 可使得 V 下降。电压 V 下降不仅使控制电路成本下降、而且有利于提高开关速度。

铌酸锂晶体具有优良的加工性能及很高的电光系数，$\gamma_{22}=6.8\times10^{-12}$ m/V，常用来做成横向调制器，铌酸锂为单轴晶体有 $n_x=n_y=n_0=2.286, n_z=n_e=2.203$。

把晶体的通光方向设为 Z 方向，沿 X 方向施加电场 E。晶体由单轴变为双轴，新的主轴 X'、Y'、Z' 轴又称为感应轴，其中 X' 和 Y' 绕 Z 轴转 45°，而 Z' 与 Z 轴重合。晶体的线性电光系数 γ 是一个三阶张量，受晶体对称性的影响，铌酸锂的线性电光系数矩阵为

$$\gamma = \begin{bmatrix} 0 & -\gamma_{22} & \gamma_{13} \\ 0 & \gamma_{22} & \gamma_{13} \\ 0 & 0 & \gamma_{33} \\ 0 & \gamma_{42} & 0 \\ \gamma_{42} & 0 & 0 \\ -\gamma_{42} & 0 & 0 \end{bmatrix}$$

施加电场后，得到电场强度矩阵（E，0，0），此时在 X 轴上加上电场后的电光系数矩阵为

$$\begin{bmatrix} \Delta B_1 \\ \Delta B_2 \\ \Delta B_3 \\ \Delta B_4 \\ \Delta B_5 \\ \Delta B_6 \end{bmatrix} \equiv \begin{bmatrix} 0 & -\gamma_{22} & \gamma_{13} \\ 0 & \gamma_{22} & \gamma_{13} \\ 0 & 0 & \gamma_{33} \\ 0 & \gamma_{42} & 0 \\ \gamma_{42} & 0 & 0 \\ -\gamma_{22} & 0 & 0 \end{bmatrix} \begin{bmatrix} E \\ 0 \\ 0 \end{bmatrix} \equiv \begin{bmatrix} 0 \\ 0 \\ 0 \\ 0 \\ \gamma_{42}E \\ -\gamma_{22}E \end{bmatrix} \tag{3.1.5}$$

当外加电场（E，0，0）时，电场作用下的光折射率椭球方程为

$$\frac{x^2}{n_0^2} + \frac{y^2}{n_0^2} + \frac{z^2}{n_e^2} + 2\gamma_{42}E_{xz} + 2\gamma_{22}E_{xy} = 1 \tag{3.1.6}$$

沿 Z 轴方向射入入射光，令式（3.1.6）中的 $Z=0$，折射率椭球就变为与波矢垂直的折射率平面，如图 3.1.3 所示为加了电场后的折射率椭球截面图，经过坐标转换，得到截迹方程为：

$$\left(\frac{1}{n_0^2} - \gamma_{22}E\right)x'^2 + \left(\frac{1}{n_0^2} + \gamma_{22}E\right)y'^2 = 1 \tag{3.1.7}$$

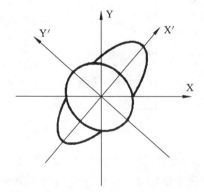

图 3.1.3 沿 X 轴方向施加电场后的折射率椭球

将（3.1.7）与椭圆标准式（3.1.8）比较，可以算出新主轴折射率：

$$\frac{x'^2}{a^2}+\frac{y'^2}{b^2}=1 \tag{3.1.8}$$

$$a=n_0+\frac{1}{2}n_0^3\gamma_{22}E$$

$$b=n_0-\frac{1}{2}n_0^3\gamma_{22}E$$

即
$$n_{x'}=n_0+\frac{1}{2}n_0^3\gamma_{22}E \tag{3.1.9}$$

$$n_{y'}=n_0-\frac{1}{2}n_0^3\gamma_{22}E$$

由于新主轴 X' 和 Y' 的折射率不同，当激光由晶体出射时两个分量会有一定的相位差。此相位差可以表示为：

$$\phi=\frac{2\pi}{\lambda}(n_x-n_y)L=\frac{2\pi}{\lambda}n_0^3\gamma_{22}V\frac{L}{d} \tag{3.1.10}$$

式中 λ 为激光的波长，L 为晶体的通光长度，d 为晶体在 X 方向的厚度，V 是外加电压。$\phi=\pi$ 时所对应的 V 为半波电压，于是可得：

$$V_\pi=\frac{\lambda d}{2n_0^3\gamma_{22}L} \tag{3.1.11}$$

我们用到关系式 $E=V/d$。由上式可知半波电压 V_π 与晶体长宽比 L/d 成反比。因而可以通过加大器件的长宽比 L/d 来减小 V_π。

横调制器的电极不在光路中，工艺上比较容易解决。横调制的主要缺点在于它对波长 λ_0 很敏感，λ_0 稍有变化，自然双折射引起的相位差即发生显著的变化。当波长确定时（例如使用激光），这一项又强烈地依赖于作用距离 L。加工误差、装调误差引起的光波方向的稍许变化都会引起相位差的明显改变，因此通常只用于准直的激光束中。或用一对晶体，第一块晶体的 x 轴与第二块晶体的 z 轴相对，使晶体的自然双折射部分相互补偿，以消除或降低器件对温度、入射方向的敏感性。有时也用巴比涅-索勒尔（Babinet-Soleil）补偿器，将工作点偏置到特性曲线的线性部分。

迄今为止，我们所讨论的调制模式均为振幅调制，其物理实质在于：输入的线偏振光在调制晶体中分解为一对偏振方位正交的本征态，在晶体中传播过一段距离后获得相位差 Γ，Γ 为外加电压的函数。在输出的偏振元件透光轴上这一对正交偏振分量重新叠加，输出光的振幅被外加电压所调制，这是典型的偏振光干涉效应。

（三）改变直流偏压对输出特性的影响

（1）当 $U_0=U_\pi/2$、$U_m=U_\pi$ 时，将工作点选定在线性工作区的中心处，如图 3.1.4（a）所示，此时，可获得较高效率的线性调制，把 $U_0=U_\pi/2$ 代入式（3.1.10），得

$$T=\sin^2(\frac{\pi}{4}+\frac{\pi}{2U_\pi}U_m\sin\omega t)$$

$$=\frac{1}{2}[1-\cos(\frac{\pi}{2}+\frac{\pi}{U_\pi}U_m\sin\omega t)] \tag{3.1.12}$$

$$=\frac{1}{2}[1+\sin(\frac{\pi}{U_\pi}U_m\sin\omega t)]$$

由于 $U_m = U_\pi$ 时，$T \approx \dfrac{1}{2}\left[1 + \left(\dfrac{\pi U_m}{U_\pi}\right)\sin\omega t\right]$，

即 $\qquad\qquad T \propto \sin\omega t$ （3.1.13）

这时，调制器输出的信号和调制信号虽然振幅不同，但是两者的频率却是相同的，输出信号不失真，我们称为线性调制。

（2）当 $U_0 = 0$、$U_m = U_\pi$ 时，如图 3.1.4（b）所示，把 $U_0 = 0$ 代入式（3.1.12）。

$$T = \sin^2\left(\frac{\pi}{2U_\pi}U_m\sin\omega t\right)$$

$$= \frac{1}{2}\left[1 - \cos\left(\frac{\pi}{U_\pi}U_m\sin\omega t\right)\right]$$

$$\approx \frac{1}{4}(\frac{\pi}{U_\pi}U_m)^2\sin^2\omega t$$

$$\approx \frac{1}{8}(\frac{\pi}{U_\pi}U_m)^2(1 - \cos 2\omega t)$$

即 $\qquad\qquad T \propto \cos 2\omega t$ （3.1.14）

从上式可以看出，输出信号的频率是调制信号频率的二倍，即产生"倍频"失真。若把 $U_0 = U_\pi$ 代入式（3.1.12），经类似的推导，可得

$$T \approx 1 - \frac{1}{8}\left(\frac{\pi U_m}{U_\pi}\right)^2(1 - \cos 2\omega t)$$ （3.1.15）

即 $T \propto \cos 2\omega t$，输出信号仍是"倍频"失真的信号。

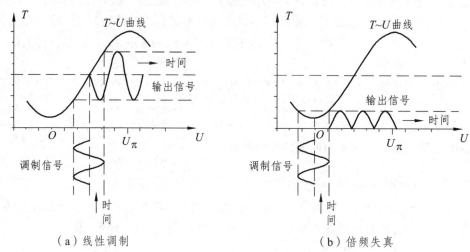

（a）线性调制　　　　　　　　　　（b）倍频失真

图 3.1.4　直流偏压对输出特性的影响

（3）直流偏压 U_0 在 0 伏附近或在 U_π 附近变化时，由于工作点不在线性工作区，输出波形将失真。

（4）当 $U_0 = U_\pi/2$，$U_m > U_\pi$ 时，调制器的工作点虽然选定在线性工作区的中心，但不满足小信号调制的要求。因此，工作点虽然选定在了线性区，输出波形仍然是失真的。

（四）用 $\lambda/4$ 波片进行光学调制

上面分析说明电光调制器中直流偏压的作用主要是在使晶体中 x',y' 两偏振方向的光之间产生固定的位相差，从而使正弦调制工作在光强调制曲线上的不同点。直流偏压的作用可以用 $\lambda/4$ 波片来实现。在起偏器和检偏器之间加入 $\lambda/4$ 片，调整 $\lambda/4$ 波片的快慢轴方向使之与晶体的 x',y' 轴平行，即可保证电光调制器工作在线性调制状态下，转动波片可使电光晶体处于不同的工作点上。

锥光干涉的实质就是偏振干涉，偏振光干涉的条件与自然光的干涉条件是一致的，即：频率相同、振动方向相同，或存在互相平行的振动分量、位相差恒定。

典型的偏振光干涉装置是在两块共轴的偏振片 P_1 和 P_2 之间放 块厚度为 d 的波片 E，如图 3.1.5 所示。在这个装置中，波片同时起分解光束和相位延迟的作用。它将入射的线偏振光分解成振动方向互相垂直的两束线偏振光，这两束光射出波片时，存在一定的相位延迟。干涉装置中的第一块偏振片 P_1 的作用是把自然光转变为线偏振光。第二块偏振光 P_2 的作用是把两束光的振动引导到相同方向上，从而使经 P_2 出射的两束光满足产生干涉的条件。

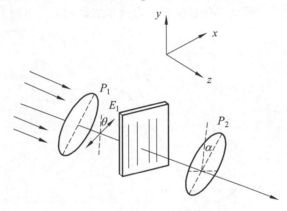

图 3.1.5　偏振光干涉装置

当振动方向互相垂直的两束线偏振光经偏振片 P_2 后，两束投射光的振幅为

$$\left.\begin{array}{l} A_{2o} = A_0 \sin\alpha = A_1 \sin\theta \sin\alpha \\ A_{2e} = A_e \cos\alpha = A_1 \cos\theta \cos\alpha \end{array}\right\} \tag{3.1.16}$$

其中，A_1 是射向波片 E_1 的线偏振光的振幅，θ 为起偏器 P_1 出射线偏振光方向与波片光轴的夹角，α 为检偏器 P_2 透光轴方向与波片光轴的夹角。

若两束光之间的相位差为 $\Delta\varphi'$，那么合强度为：

$$I = A^2 = A_{2o}^2 + A_{2e}^2 + 2A_{2o}A_{2e}\cos\Delta\varphi' = A_1^2\left[\cos^2(\alpha-\theta) - \sin 2\theta \sin 2\alpha \sin^2\frac{\Delta\varphi'}{2}\right] \tag{3.1.17}$$

其中 $\Delta\varphi'$ 是从偏振片 P_2 出射时两束光之间的相位差。入射在波片上的光是线偏光时，o 光和 e 光的相位相等，波片引入的相位差为 $\Delta\varphi = \dfrac{2\pi}{\lambda}(n_o - n_e)d$，其中 d 是波片的厚度。

产生锥光干涉是因为当在晶体前放置毛玻璃时，光会发生漫散射，沿各个方向传播。不同方向入射光经过晶体后会引入不同的相位差，不同入射角的入射光将落在接收屏上不同半径的圆周上，因为相同入射角的光通过晶体的长度是一样的，所以引入的相位差也是一样的，所以每一个圆环上光程差是一致的。从而就造成了圆环状的明暗干涉条纹。

（五）测量半波电压的两种方法

（1）极值法

当输入直流电压 $V = V_\pi$ 时，透过率最大，所以只要不断增加输入电压，观测功率计的示数，将会出现极小值和极大值，相邻极小值和极大值对应的直流电压之差即是半波电压。

当晶体所加的电压为半波电压时，光波出射晶体时相对于入射光产生的相位差为 π，而偏转方向旋转了 $\pi/2$。当电压为 0 时，通过检偏器的光强最小，电压逐渐增大，相位差逐渐增大，检偏器的输出光强也增大；当光强最大时，通过检偏器的光偏振方向旋转了 $\pi/2$，则此时的电压就是半波电压，即半波电压为光强最大时的电压。

对于不同的偏置电压点，相同的电压变化量对光强将产生不同的变化。因此，要达到线性调制，必须选择合适的偏置电压和调制幅度。实验曲线上零偏置电压点处的光强不为 0，而是相对于理论曲线发生偏移，一般是晶体自身生长不均匀，入射光通过时光路改变造成的现象。

（2）倍频法

晶体上同时加直流电压和交流信号，与直流电压调到输出光强出现极小值或极大值对应的电压值时，输出的交流信号出现倍频失真，出现相邻倍频失真对应的直流电压之差就是半波电压。

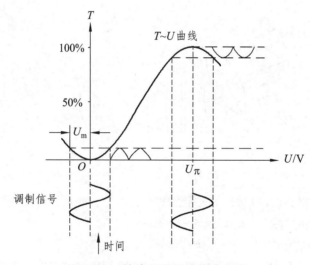

图 3.1.6　输出图形的倍频失真图

四、实验内容及步骤

（一）光路调整以及半波电压的测量

（1）极值法测量半波电压

① 按照"晶体的电光效应实验装配图"摆放激光器，激光器开机预热 5 ~ 10 min。

② 调整激光器水平，固定可变光阑的高度和孔径，使出射光在近处和远处都能通过可变光阑。调整完成后将电光晶体放入光路，并保持与激光束同轴等高。

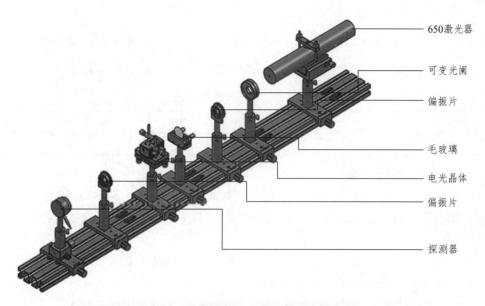

图 3.1.7   晶体的电光效应实验装配图

③ 调节晶体,使激光器出射的光斑通过晶体的中心,并使晶体前后表面的反射光均通过可变光阑小孔中心。

④ 插入起偏器、毛玻璃和检偏器,在检偏器后观察光斑图案,调节起偏器和检偏器的角度,使干涉图的暗十字互相垂直,且各自在水平和竖直方向,此时起偏器与检偏器的偏振方向互相垂直,且在水平和竖直方向上。

⑤ 放置白屏于检偏器之后,微调晶体,使锥光干涉效果图的暗十字中心与激光器光点重合,观察锥光干涉效果图,如图 3.1.8 所示。

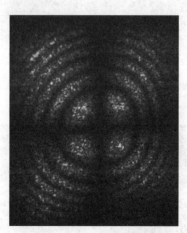

图 3.1.8   锥光干涉效果图

⑥ 取下毛玻璃,打开晶体调制电源的开关,装上三波长功率计,调制切换选择"内调",旋转电光调制器上"晶体高压"旋钮,加在晶体上的电压在电源面板上的数字表读出,每隔 10 V 记录一次功率计读数。功率值将会出现极小值和极大值,相邻极小值和极大值对应的电压之差即是半波电压,如果只出现一次极值,且为最大值时,改变电源的极性,就会找到两

次极值点，再根据式，计算出半波电压的理论值 $V_\pi = \dfrac{\lambda d}{2n_0^3 \gamma_{22} L}$，与测量值进行对比。

（已知：$\lambda = 0.650\,\mu m$，$n_0 = 2.286$，$\gamma_{22} = 6.8 \times 10^{-12}\,m/V$，$L = 35\,mm$，$d = 3\,mm$）

表 3.1.2　极值法测量半波电压

偏压 U/V	0	10	20	30	…	590	600
功率值读数 P/mW							

（2）倍频法测量半波电压

① 将功率计换成探测器，把电源前面板上的调制信号"输出"接到示波器的 CH1 上，把探测器的解调信号接到示波器的 CH2 上，根据输出的波形在晶体电源的面板上选择合适的调制幅度以及调制频率。

② 把 CH1、CH2 上的信号做比较，调节直流电压，当晶体上所加直流电压达到某一值 U_1 时，输出信号出现倍频失真，如图 3.1.9 所示。

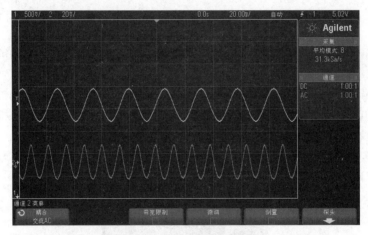

图 3.1.9　一次倍频波形图

③ 继续调节直流电压，当晶体上加的直流电压到另一值 U_2 时，输出信号又出现倍频失真如下图 3.1.10 所示。

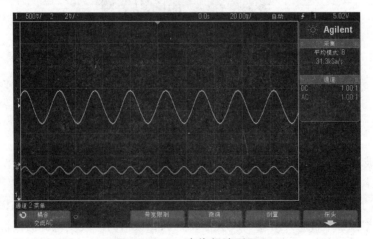

图 3.1.10　一次倍频波形图

④ 相继两次出现倍频失真时对应的直流电压之差 $U_2 - U_1$ 就是半波电压，如果晶体电源从 0 加到 600 V 只能出现一次倍频时，改变电源的极性，就会找到两次倍频点，如果噪声过大，输出解调信号的波形不好时，可以利用示波器的平均功能去掉噪声。

（二）音频信号的电光调制与解调

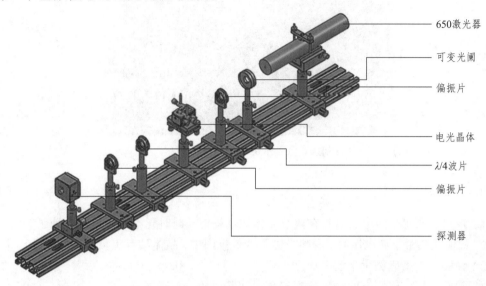

650激光器
可变光阑
偏振片
电光晶体
$\lambda/4$波片
偏振片
探测器

图 3.1.11　信号解调实验装配图

（1）如图 3.1.11，在检偏器和电光晶体间插入 $\lambda/4$ 波片，将示波器 CH1 与探测器接通，则观测到解调出来的信号，适当调整"调制幅度"和"高压调节"旋钮，观察解调波形的变化，如图 3.1.12。适当旋转光路中的 $\lambda/4$ 波片，得到最清晰稳定波形。将示波器的 CH2 与电光调制箱的"信号监测"连接，则可直接得到内置波形信号，与解调出来的波形信号作对比。效果如图 3.1.13 所示。

（2）将 MP3 音源与电光调制实验箱的"外部输入"连接，调制切换选择"外调"。

（3）将探测器与扬声器连接，此时可通过扬声器听到 MP3 中播放的音乐。适当调整"调制幅度"和"高压调节"旋钮，旋转光路中的 $\lambda/4$ 波片，使音乐最清晰。

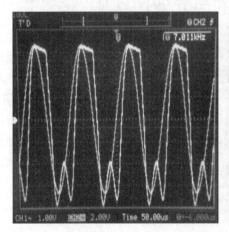
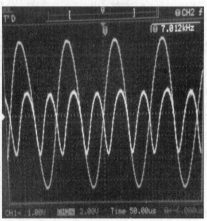

图 3.1.12　失真解调波形

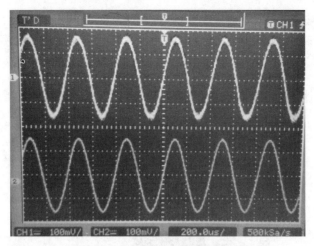

图 3.1.13   不失真信号解调观察

五、注意事项

（1）极值法测量半波电压时，在调节晶体的过程中，此时光电调制电源应处于关闭状态。

（2）极值法测量半波电压时，观察光锥干涉效果图中，晶体没有正负极，必须调出图 3.1.7 的锥光干涉图才能准确测量半波电压。

（3）实验完毕，将所有的电压输出归零，切断电源，整理线路。

（4）电源的旋钮顺时针方向为增益加大的方向，因此，电源开关打开前，所有旋钮应该逆时针方向旋转到头，关仪器前，所有旋钮逆时针方向旋转到头后再关毕电源。

六、思考题

（1）环境光对实验结果有何影响？

（2）测量计算半波电压的误差主要由什么引起？

实验二   晶体的声光效应实验

声光效应是指光通过某一受到超声波扰动的介质时发生衍射的现象，这种现象是光波与介质中声波相互作用的结果。早在本世纪 30 年代就开始了声光衍射的实验研究。60 年代激光器的问世为声光现象的研究提供了理想的光源，促进了声光效应理论和应用研究的迅速发展。声光效应为控制激光束的频率、方向和强度提供了一个有效的手段。利用声光效应制成的声光器件，如声光调制器、声光偏转器、和可调谐滤光器等，在激光技术、光信号处理和集成光通讯技术等方面有着重要的应用。

一、实验目的

（1）了解声光效应的原理。

（2）了解拉曼–奈斯衍射和布拉格衍射的实验条件和特点。

（3）测量声光偏转和声光调制曲线。

（4）完成声光通信实验光路的安装及调试。

二、实验仪器

晶体声光调制试验仪、MP3 播放器、音箱、直流电源（5 V，1 A）、直流电源（24 V，1 A）、声光调制器等。

三、实验原理

当超声波在介质中传播时，将引起介质的弹性应变作时间和空间上的周期性的变化，并且导致介质的折射率也发生相应变化。当光束通过有超声波的介质后就会产生衍射现象（图 3.2.1），这就是声光效应。有超声波传播的介质如同一个相位光栅。

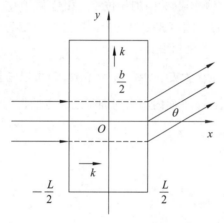

图 3.2.1　声光衍射

声光效应有正常声光效应和反常声光效应之分。在各项同性介质中，声-光相互作用不导致入射光偏振状态的变化，产生正常声光效应。在各项异性介质中，声-光相互作用可能导致入射光偏振状态的变化，产生反常声光效应。反常声光效应是制造高性能声光偏转器和可调滤波器的基础。正常声光效应可用拉曼-奈斯的光栅假设作出解释，而反常声光效应不能用光栅假设作出说明。在非线性光学中，利用参量相互作用理论，可建立起声-光相互作用的统一理论，并且运用动量匹配和失配等概念对正常和反常声光效应都可作出解释。本实验只涉及到各项同性介质中的正常声光效应。

设声光介质中的超声行波是沿 y 方向传播的平面纵波，其角频率为 w_s，波长为 λ_s 波矢为 $\mathbf{k}_s$。入射光为沿 x 方向传播的平面波，其角频率为 w，在介质中的波长为 λ，波矢为 $\mathbf{k}$。介质内的弹性应变也以行波形式随声波一起传播。由于光速大约是声速的 10^5 倍，在光波通过的时间内介质在空间上的周期变化可看成是固定的。

由于应变而引起的介质的折射率的变化由下式决定

$$\Delta\left(\frac{1}{n^2}\right)PS \tag{3.2.1}$$

式中，n 为介质折射率，S 为应变，P 为光弹系数。通常，P 和 S 为二阶张量。当声波在各项同性介质中传播时，P 和 S 可作为标量处理，如前所述，应变也以行波形式传播，所以可写成

$$S = S_0 \sin(w_s t - k_s y) \tag{3.2.2}$$

当应变较小时，折射率作为 y 和 t 的函数可写作

$$n(y,t) = n_0 + \Delta n \sin(w_s t - k_s y) \tag{3.2.3}$$

式中，n_0 为无超声波时的介质的折射率，Δn 为声波折射率变化的幅值，由（3.2.1）式可求出

$$\Delta n = -\frac{1}{2} n^3 P S_0$$

设光束垂直入射（$\boldsymbol{k} \perp \boldsymbol{k}_s$）并通过厚度为 L 的介质，则前后两点的相位差为

$$\begin{aligned}\Delta \Phi &= k_0 n(y,t) L \\ &= k_0 n_0 L + k_0 \Delta n L \sin(w_s t - k_s y) \\ &= \Delta \Phi_0 + \delta \Phi \sin(w_s t - k_s y)\end{aligned} \tag{3.2.4}$$

式中，k_0 为入射光在真空中的波矢的大小，右边第一项 $\Delta \Phi_0$ 为不存在超声波时光波在介质前后两点的相位差，第二项为超声波引起的附加相位差（相位调制），$\delta \Phi = k_0 \Delta n L$。可见，当平面光波入射在介质的前界面上时，超声波使出射光波的波振面变为周期变化的皱折波面，从而改变出射光的传播特性，使光产生衍射。

设入射面上 $x = -\dfrac{L}{2}$ 的光振动为 $E_i = A e^{it}$，A 为常数，也可以是复数。考虑到在出射面 $x = \dfrac{L}{2}$ 上各点相位的改变和调制，在 xy 平面内离出射面很远一点的衍射光叠加结果为

$$E \propto A \int_{-\frac{b}{2}}^{\frac{b}{2}} e^{i[(wt - k_0 n(y,t) - k_0 y \sin\theta]} \mathrm{d}y$$

写成等式为

$$E = C e^{iwt} \int_{-\frac{b}{2}}^{\frac{b}{2}} e^{i\delta\Phi \sin(k_s y - w_s t)} e^{-ik_0 y \sin\theta} \mathrm{d}y \tag{3.2.5}$$

式中，b 为光束宽度，θ 为衍射角，C 为与 A 有关的常数，为了简单可取为实数。利用与贝塞耳函数有关的恒等式

$$e^{ia\sin\theta} = \sum_{m=-\infty}^{\infty} J_m(a) e^{im\theta}$$

式中 $J_m(a)$ 为（第一类）m 阶贝塞耳函数，将（3.2.5）式展开并积分得

$$E = Cb \sum_{m=-\infty}^{\infty} J_m(\delta\Phi) e^{i(w-mw_s)t} \frac{\sin[b(mk_s - k_0\sin\theta)/2]}{b(mk_s - k_0\sin\theta)/2} \tag{3.2.6}$$

上式中与第 m 级衍射有关的项为

$$E_m = E_0 e^{i(w - mw_s)t} \tag{3.2.7}$$

$$E_0 = Cb J_m(\delta\Phi) \frac{\sin[b(mk_s - k_0\sin\theta)/2]}{b(mk_s - k_0\sin\theta)/2} \tag{3.2.8}$$

因为函数 $\sin x / x$ 在 $x = 0$ 取极大值，因此有衍射极大的方位角 θ_m 由下式决定：

$$\sin\theta_m = m\frac{k_s}{k_0} = m\frac{\lambda_0}{\lambda_s} \qquad\qquad (3.2.9)$$

式中，λ_0 为真空中光的波长，λ_s 为介质中超声波的波长。与一般的光栅方程相比可知，超声波引起的有应变的介质相当于光栅常数为超声波长的光栅。由（3.2.7）式可知，第 m 级衍射光的频率 w_m 为

$$w_m = w - mw_s \qquad\qquad (3.2.10)$$

可见，衍射光仍然是单色光，但发生了频移。由于 $\omega \gg \omega_s$，这种频移是很小的。

第 m 级衍射极大的强度 I_m 可用（2.7）式模数平方表示：

$$\begin{aligned}
I_m &= E_0 E_0^* \\
&= C^2 b^2 J_m^2(\delta\Phi) \\
&= I_0 J_m^2(\delta\Phi)
\end{aligned} \qquad\qquad (3.2.11)$$

式中，E_0^* 为 E_0 的共轭复数，$I_0 = C^2 b^2$

第 m 级衍射极大的衍射效率 η_m 定义为第 m 级衍射光的强度与入射光的强度之比。由（3.2.11）式可知，η_m 正比于 $J_m^2(\delta\Phi)$。当 m 为整数时，$J_{-m}(a) = (-1)^m J_m(a)$。由（3.2.9）式和（3.2.11）式表明，各级衍射光相对于零级对称分布。

当光束斜入射时，如果声光作用的距离满足 $L < \lambda_s^2/2\lambda$，则各级衍射极大的方位角 θ_m 由下式决定

$$\sin\theta_m = \sin i + m\frac{\lambda_0}{\lambda_s} \qquad\qquad (3.2.12)$$

式中 i 为入射光波矢 k 与超声波波面的夹角。上述的超声衍射称为拉曼-奈斯衍射，有超声波存在的介质起一平面位光栅的作用。

当声光作用的距离满足 $L > 2\lambda_s^2/\lambda$，而且光束相对于超声波波面以某一角度斜入射时，在理想情况下除了 0 级之外，只出现+1 级或−1 级衍射，如图 3.2.2 所示。

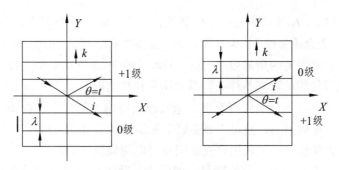

图 3.2.2　布拉格衍射

这种衍射与晶体对 X 光的布拉格衍射很类似，故称为布拉格衍射。能产生这种衍射的光束入射角称为布拉格角。此时有超声波存在的介质起体积光栅的作用。

测量光屏上 0 级到+1 级或者 0 级到−1 级的衍射光斑中心见的距离 a 及光屏到声光器件的距离 r，可计算出空气中的发散角 θ_V。由于 θ_V 很小，所以其正弦值与其弧度值可以看作相等，

所以

$$\theta_V \approx \sin\theta_V = \frac{a}{r} \tag{3.2.13}$$

根据折射率定律，将 θ_V 转换到声光介质中，可得到介质中的衍射角

$$\theta_D = 2i_B = \frac{n_V \cdot \theta_V}{n_D} \tag{3.2.14}$$

而衍射角 θ_D 的理论计算值可由

$$\sin\theta_D = \frac{\lambda \cdot f}{n_D \cdot v} \tag{3.2.15}$$

给出，由于 θ_D 很小，其正弦值与其弧度值可看作相等，从而得到

$$\theta_D \approx \frac{\lambda \cdot f}{n_D \cdot v} \tag{3.2.16}$$

若已知激光的波长及其在声光调制晶体中的折射率，则可通过

$$v = \frac{\lambda \cdot f}{n_D \cdot \theta_D} \tag{3.2.17}$$

计算出激光在声光调制晶体中的传播速度。

衍射效率是指在某一个衍射方向上的光强与入射光强的比值，定义为：

$$\eta = \frac{P_m}{P} \tag{3.2.18}$$

其中，P_m 为第 m 级衍射的光功率，P 为入射光的功率。

在布拉格衍射条件下，一级衍射光的效率为

$$\eta = \sin^2\left[\frac{\pi}{\lambda_0}\sqrt{\frac{M_2 L P_s}{2H}}\right] \tag{3.2.19}$$

式中，P_s 为超声波功率，L 和 H 为超声换能器的长和宽，M_2 为反映声光介质本身性质的常数，$M_2 = n^6 p^2 / \rho v_s^\delta$，$\rho$ 为介质密度，p 为光弹系数。在布拉格衍射下，衍射光的效率也由（3.2.10）式决定。理论上布拉格衍射的衍射效率可达 100%，拉曼-奈斯衍射中一级衍射光的最大衍射效率仅为 34%，所以使用的声光器件一般都采用布拉格衍射。

由（3.2.16）式和（3.2.18）式可看出，通过改变超声波的频率和功率，可分别实现对激光束方向的控制和强度的调制，这是声光偏转器和声光调制器的基础。从（3.2.10）式可知，超声光栅衍射会产生频移，因此利用声光效应还可以制成频移器件。

以上讨论的是超声行波对光波的衍射。实际上，超声驻波对光波的衍射也产生拉曼–奈斯衍射和布拉格衍射，而且各衍射光的方位角和超声频率的关系与超声行波的相同。不过，各级衍射光不再是简单地产生频移的单色光，而是含有多个傅立叶分量的复合光。

声光调制是利用声光效应将信息加载于光频载波上的一种物理过程。调制信号是以电信号（调幅）形式作用于电声换能器上而转化为以电信号形式变化的超声场，当光波通过声光介质时，由于声光作用，使光载波受到调制而成为"携带"信息的强度调制波。

本实验设计的声光调制及解调系统如图 3.2.3 所示。

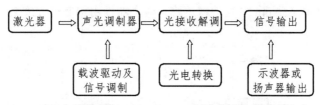

图 3.2.3　声光调制及解调系统

四、实验仪器工作原理

本产品由声光调制器及驱动电源两部分组成。驱动电源产生一定频率的射频功率信号加入声光调制器，压电换能器将射频功率信号转变为超声信号，当激光束以布拉格角度通过时，由于声光互作用效应，激光束发生衍射（图 3.2.4），这就是布拉格衍射效应。外加文字和图像信号以正弦（连续波）输入驱动电源的调制接口"调制"端，衍射光光强将随此信号变化，从而达到控制激光输出特性的目的，如图 3.2.5 所示。

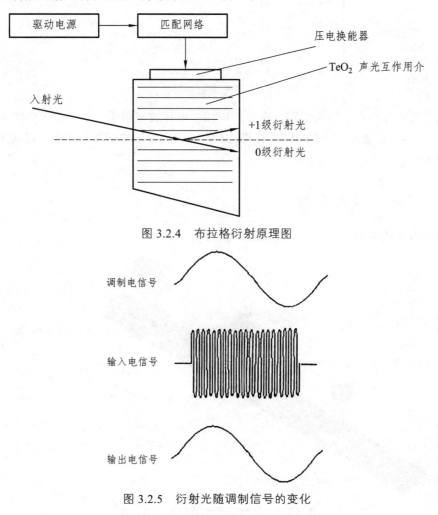

图 3.2.4　布拉格衍射原理图

图 3.2.5　衍射光随调制信号的变化

声光调制器由声光介质（氧化碲晶体）和压电换能器（铌酸锂晶体）、阻抗匹配网络组成，声光介质两通光面镀有 650 nm 的光学增透膜。整个器件由铝制外壳安装。外形尺寸和安装尺寸如图 3.2.6（单位：mm）。

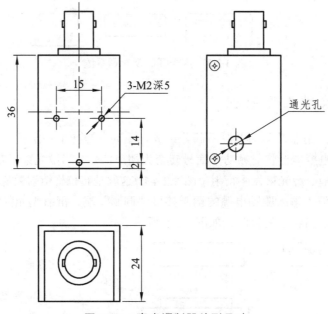

图 3.2.6 声光调制器外形尺寸

驱动电源由振荡器、转换电路、调制门电路、电压放大电路、功率放大电路组成。音频信号由"Vtone"端输入，工作电压为直流+24 V，"输出"端输出驱动功率，用高频电缆线与声光器件相联。

五、实验内容及步骤

晶体的声光效应实验装配图如图 3.2.7 所示。

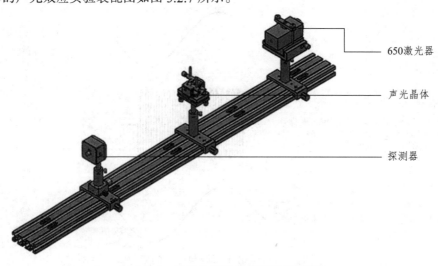

图 3.2.7 晶体的声光效应实验装配图

（一）实验器材连接方法

（1）用高频电缆将声光器件和驱动电源"输出"端联接。

（2）接上+24 V 的直流工作电压。

（3）调整声光器件在光路中的位置和角度，使一级衍射光达到最好状态。

（4）驱动电源"Vtone"端接上外调制信号。

（5）驱动电源不得空载，即加上直流工作电压前，应先将驱动电源"输出"端与声光器件或其他 50 Ω 负载相连。

（二）声光效应的检验

（1）正确连接声光调制器各个部分，激光器开机预热 5 ~ 10 min。

（2）调整激光器水平，固定可变光阑的高度和孔径，使出射光在近处和远处都能通过可变光阑。调整完成后将其他器件依次放入光路。

（3）调整光路同轴等高，声光调制电源处于关闭状态，微调声光调制器的角度，使激光束按照一定角度入射声光调制器晶体，激光不发生衍射现象。

（4）开启声光调制电源，将声光调制器电源上的频率设为 90 MHz，微调声光调制器的角度，使激光束按照一定角度入射声光调制器晶体，旋转"增益"和"偏置"的旋钮，继续微调入射角度，可观察到衍射现象。

（三）声速测量

（1）继续调节声光调制器，使得只出现 0 级和+1 级衍射或者只出现 0 级和-1 级衍射，用白屏测量 0 到+1 级或者 0 到-1 级衍射光斑的距离 a 和声光晶体调制器到白屏的距离 r，代入式 $\theta_V \approx \dfrac{a}{r}$ 计算出空气中的角度，再将 θ_V 代入式 $\theta_D = \dfrac{n_V \theta_V}{n_D}$ 算出衍射角。

（2）将算出的衍射角 θ_D 代入式 $v = \dfrac{\lambda \cdot f}{n_D \cdot \theta_D}$ 计算出超声波的速度，与理论声速进行对比。

（ $\lambda = 650$ nm，$f = 90$ MHz，$n_D = 2.81$，$n_V \approx 1$，声波在二氧化碲晶体中的速度为 4 200 m/s ）。

将各实验数据填入表 3.2.1。

表 3.2.1　声光效应实验数据记录

0 到+1 级或者 0 到-1 级衍射光斑的距离 a	
声光晶体调制器到白屏的距离 r	
$\theta_V \approx \dfrac{a}{r}$	
$\theta_D = \dfrac{n_V \theta_V}{n_D}$	
$v = \dfrac{\lambda \cdot f}{n_D \cdot \theta_D}$	

（四）衍射效率测量

（1）用功率计测量并记录激光器的功率 P。

（2）将声光调制器的频率设置为 90 MHz。

（3）在 Vtone 端输入正弦信号，调整出激光正入射时的拉曼-奈斯衍射，测量+1 级或者-1 级的衍射光功率 P_1。

（4）调整出激光以一定角度入射时的布拉格衍射，即只有 0 级和+1 级或者只有 0 级和-1 级，测量+1 级或者-1 级的衍射光功率 P_2。

（5）把功率值代入式 $\eta = \dfrac{P_m}{P}$，（m=1 或者 2）得出两种衍射的衍射效率，并对比两种衍射的效率。

（6）改变声光调制器的频率重复测量，对比不同频率下衍射效率的变化。将各实验数据填入表 3.2.2。

表 3.2.2   衍射效率测量实验数据记录

激光器的功率 P	
+1 级或者-1 级的衍射光功率 P_1（激光正入射）	
+1 级或者-1 级的衍射光功率 P_2（一定角度入射）	
$\eta = \dfrac{P_m}{P}$	

得出两种衍射的衍射效率，并对比两种衍射的效率。

（五）语音传输实验

（1）调整探测器的一维平移台，用探测器接收+1 级或-1 级衍射光斑。

（2）将 mp3 与声光调制器驱动电源连接，扬声器与探测器连接，则可听到 mp3 播出的音乐声。

五、注意事项

（1）调整声光器件时，要调整好在光路中的位置和角度，使一级衍射光达到最好状态。

（2）驱动电源不得空载，即加上直流工作电压前，应先将驱动电源"输出"端与声光器件或其他 50 Ω 负载相连。

（3）产品应小心轻放，特别是声光器件更应注意，否则将可损坏晶体而报废。

（4）声光器件的通光面不得接触，否则损坏光学增透膜。

（5）在声速的测量中声光晶体调制器到白屏的距离要适中。

（6）实验完毕，将所有的电压输出归零，切断电源，整理线路。

六、思考题

（1）声波是纵波还是横波？

（2）声光器件在什么实验条件下产生拉曼-奈斯衍射？在什么实验条件下产生布拉格衍射？两种衍射现象各有什么特点？

七、补充

SGMG-1/Q 型高速正弦声光调制器及驱动电源，可用在激光照排机、激光传真机、电子分色机或者其他文字、图像处理等系统中。其主要技术指标如表 3.2.3 所示。

表 3.2.3　SGMG-1/Q 型高速正弦声光调制器主要技术指标

激光波长	（655±10）nm
工作频率	（100±10）MHz
衍射效率	≥80%（@100 MHz）
透过率	≥95%
调节步进	1 MHz
射频连接模式	SMA
工作电压	DC 24 V

实验三　晶体的磁光效应实验

磁光效应是指光与磁场中的物质，或光与具有自发磁化强度的物质之间相互作用所产生的各种现象，主要包括法拉第（Faraday）效应、柯顿-莫顿（Cotton-Mouton）效应、克尔（Kerr）效应、塞曼（Zeeman）效应、光磁效应等。

磁场中某些非旋光物质具有旋光性，该现象称为"法拉第（Faraday）效应"或"磁致旋光效应"。法拉第于 1845 年发现该效应，故称法拉第效应。

一、实验目的

（1）掌握磁光效应的原理和实验方法。
（2）计算磁光介质的维尔德常数。

二、实验仪器

晶体磁光调制试验仪，导光柱。

三、实验原理

（一）磁场和磁场方向

安培定则，也叫右手螺旋定则，是表示电流和电流激发磁场的磁感线方向间关系的定则。通电直导线中的安培定则（安培定则一）：用右手握住通电直导线，让大拇指指向电流的方向，那么四指的指向就是磁感线的环绕方向；通电螺线管中的安培定则（安培定则二）：用右手握住通电螺线管，使四指弯曲与电流方向一致，那么大拇指所指的那一端是通电螺线管的 N 极。

磁感线：在磁场中画一些曲线，用（虚线或实线表示）使曲线上任何一点的切线方向都跟这一点的磁场方向相同（且磁感线互不交叉），这些曲线叫磁感线。磁感线是闭合曲线。磁铁的磁感线都是从 N 极出来进入 S 极，在磁铁内部磁感线从 S 极到 N 极。在这些曲线上，每一点的切线方向都在该点的磁场方向上。

（二）磁光效应

一束入射光进入具有固有磁矩的物质内部传输或者在物质界面反射时，光的传播特性，例如偏振面、相位、或者散射特性发生变化，这个物理现象被称为磁光效应。磁光效应包括法拉第效应、克尔效应、塞曼效应、磁线振双折射（科顿一莫顿效应或者佛赫特效应）、磁圆振二向色性、磁线振二向色性和磁激发光散射等许多类型。迄今为止，法拉第效应和克尔效应是被最广泛的研究和应用的磁光效应。

1845 年，法拉第将一片玻璃置于一对磁极之间，发现沿外磁场方向的入射光经玻璃透射后的光偏振面发生了旋转。这是历史上第一次发现光与磁场的相互作用现象，后来就被称为法拉第效应。受法拉第效应的启发，1876 年又发现了光在物质表面反射时光偏振面发生旋转的现象，即克尔效应；1896 年，塞曼在观察置于磁场中的钠蒸气光谱时发现了塞曼效应；1989 年，发现了与横向塞曼效应有相似特性的佛赫特效应；接着于 1907 年艾梅·科顿（Aime Cotton）和亨利·莫顿（Henri Monton）在做液体实验时又发现了科顿一莫顿效应；之后又陆续发现了磁圆振二向色性、磁线振二向色性、磁激发光散射、磁光吸收、磁等离子体效应和光磁效应等。1956 年，美国贝尔实验室的狄龙等利用透射光的磁致旋光效应，观察了忆铁石榴石单晶材料中的磁畴结构，此后磁光效应才被大量应用于各方各面。由于第一台激光器于 1960 年问世，使的对磁光效应的研究与发展此后走上了深入扩展的道路，之后许多磁光性质和现象相继被发现，因此新的磁光材料和器件随之被研制出来，在此时磁光理论也得到了完善与补充。

目前在光学信息处理、光纤通信、计算机技术、以及在工业、国防、宇航和医学等领域，这些磁光器件即磁光偏转器、磁光开关、磁光调制器、隔离器、环行器、显示器、旋光器、磁强计、磁光存储器（可擦除光盘）和各类磁光传感器等，已经有了一定方面的应用。

磁场可以使某些非旋光物质具有旋光性。该现象称为磁致旋光（法拉第）效应，是磁光效应的一种形式，如图 3.3.1 所示。

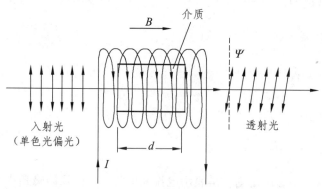

图 3.3.1 法拉第磁致旋光效应示意图

当线偏振光在媒质中沿磁场方向传播距离 d 后，振动方向旋转的角度 ψ

$$\psi = V_e dB \tag{3.3.1}$$

式中 B 是磁感应强度，V_e 是物质常数，称为维尔德（Verdet）常数。

　　面对光传播的方向观察，当振动面旋转绕向与磁场方向满足右手螺旋定则时叫做"正旋"亦称作右旋，此时维尔德常数 $V > 0$；反之，则称为"负旋"，亦称为左旋，此时维尔德常数 $V < 0$。分析得到对于不同的旋光介质来说，发生法拉第磁致旋光效应时，光振动面的旋转方向就会不同。图 3.3.1 即为"负旋"也称左旋的磁旋光示意图（图中，面对光的传播方向，偏振光顺时针偏转 ψ）。

　　对于每一种给定的旋光物质，无论传播方向与 B 同向或是反向，磁光旋转方向与光波的传播方向无关，仅由磁场 B 的方向决定。

　　法拉第效应产生的旋光与自然旋光物质产生的旋光有一个重大区别。自然旋光效应是由晶体的微观螺旋状晶格结构引起的，与光波传播的正反向有关。设光波沿光轴传播一段距离 L，并沿原路反向时，偏振面的旋向也相反，因而光波传播到原始位置时偏振面也将回转到原始方向。而对于磁致旋光，当光波往返通过磁光介质传播到原始位置时，旋转角 ψ 将加倍，这一特殊的现象称为非互易性（Nonreciprocal Property），又称不可逆性或单向性。图 3.3.2 是利用光的反射来增强磁光效应的示意图，我们在螺线管的两端放置了两块平行的反射镜，当光线进入时，光在平行端被反射，这样就可以使光束多次通过同一介质，所以就达到了增加光在放射镜间传播的几何光路的目的，从而使旋光的旋转角度变大，最后达到提高测量精度的最终目标。

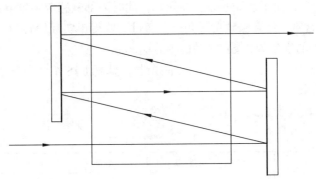

图 3.3.2　利用多次反射来增大磁致旋光角

　　法拉第效应与自然旋光效应相似，也有维尔德常数随波长变化的色散效应。旋光本领与波长的平方成反比，所以当我们把一束复合光穿过旋光介质，这时就会发现紫光的振动面要比红光的振动面转过的角度大，也就是不同波长的光在同一旋光介质中，其旋光本领是会有所不同。

四、实验内容及步骤

　　（1）按照晶体的磁光效应实验光路图搭建光路。激光器开机预热 5~10 min。

　　（2）调整光轴，使光轴水平，固定可变光阑的高度和孔径，使出射光在近处和远处都能通过可变光阑。调整完成后将其他器件依次放入光路，调节同轴等高。

　　（3）调整出射位置偏振片角度，使得出射光功率最小，记录此时检偏器刻度 ψ_0。

　　（4）放入 $d = 50\ mm$ 导光柱，此时出射光强变强。已知磁光晶体为负旋晶体，再根据穿过晶体的磁场方向，用右手螺旋定则判断出偏振光的旋转方向，根据偏振光旋转方向调整检

偏器使得出射光功率最小。记录此时检偏器刻度 ψ_1，磁致旋转角度 $|\psi| = |\psi_1 - \psi_0|$，由公式 $\psi = V_e dB$，计算维尔德常数。d 是导光柱的长度，B 是磁感应强度，三块磁铁平均磁感应强度 $B = 122$ mT。

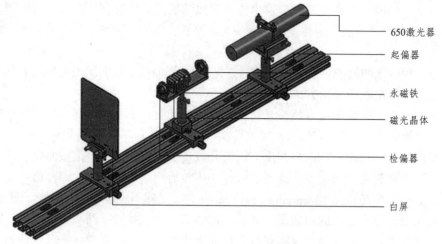

图 3.3.3　磁光效应实验光路图

（5）换上 $d = 20$ mm 的导光柱，重复实验步骤（3）、（4）。

（6）去掉中间磁铁，使用 $d = 50$ mm 导光柱，此时内部磁感应强度 $B = 82$ mT，根据步骤 5 计算出来的维尔德常数，计算磁致旋转角度。通过实验得出实际旋转角，并与理论旋转角对比。（在 $\lambda = 650$ nm 处的维尔德常数参考值 $V = -980°/\text{m}\cdot\text{T}$）

（7）取下 650 nm 激光器，安装 532 nm 激光器，重复上述 6 个步骤。计算此磁光介质在 532 nm 处的维尔德常数。

（8）将实验数据填入表 3.3.1，计算维尔德常数。

表 3.3.1　实验数据记录表

导光柱	磁感应强度 B	角度变化 ψ	维尔德常数
50 mm（650 nm）			
20 mm（650 nm）			
50 mm（532 nm）			
20 mm（532 nm）			

五、注意事项

（1）在公式（3.3.1）中，注意此时 B 的方向是线圈内部的磁场方向，即：穿过晶体的磁场方向。

（2）实验完毕，将所有的电压输出归零，切断电源，整理线路。

六：思考题

（1）磁致旋光效应与自然旋光效应有何区别？

（2）磁致旋光角度与哪些因素有关？

实验一　光纤耦合效率测量实验

光纤技术是一门正在迅速发展的科学技术。光纤是光波导的一种，具有损耗低，频带宽，重量轻等特点。光纤的应用从长距离光纤通信到光纤传感，遍布医疗，军事，能源等各种领域，光耦合是光纤应用的重要组成部分。光耦合是指光信号的耦合，它包括光纤之间、光纤与光源之间、光纤与探测器之间以及其他不同光学器件之间的耦合，是构成光通信的重要技术。

一、实验目的

（1）了解光纤结构、分类及光纤器件。
（2）学习单模光纤与多模光纤的鉴别方法。
（3）学习光纤与光源耦合方法。
（4）实验操作光纤与光源耦合。

二、实验仪器

激光器、光纤耦合器、光纤、功率计。

三、实验原理

（一）光纤结构

光纤的结构如图 4.1.1 所示，光纤由纤芯、包层、涂敷层三部分组成。玻璃光纤纤芯的成分为高纯度的二氧化硅（SiO_2，熔融石英）掺杂少量的其他介质。通过掺杂的不同可以控制纤芯的折射率和损耗，影响光波的传播参数。纤芯外是另外一层具有不同掺杂的二氧化硅，折射率通常稍低于纤芯的折射率，称为"包层"。涂敷层及塑料外皮层主要作用是吸收光纤弯曲或拉伸造成的机械应力，保护光纤免受物理损伤。

光在光纤内是以全反射的方式由光纤的一端传输到另一端。为分析方便，我们分析子午光线，如图 4.1.2 所示，子午光线是在子午面内传播的光线，子午面是光线与纤轴相交时共同确定的平面。光纤纤芯的折射率 n_1 大于包层的折射率 n_2，射入纤芯中的光线在纤芯和包层分界面上的入射角满足全反射条件 $\sin \Psi_c < n_2 / n_1$ 时（光线 1），光线在纤芯和包层分界面上发生多次全反射，形成导模。射入光纤中的光线在纤芯和包层分界面上的入射角大于全反射临界角 $\sin \Psi_c > n_2 / n_1$ 时（光线 3），光线入射到纤芯和包层分界面上将会折射出纤芯，形成折射模，无法在光纤中传输。

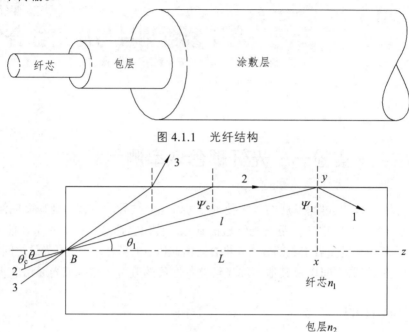

图 4.1.1　光纤结构

图 4.1.2　全反射原理

（二）光纤的分类

主要是根据工作波长、折射率分布、传输模式、原材料和制造方法上归纳，可分类举例如下：

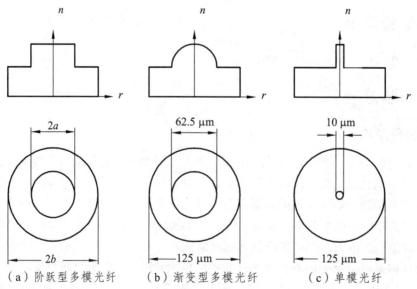

（a）阶跃型多模光纤　　（b）渐变型多模光纤　　（c）单模光纤

图 4.1.3　常见光纤折射率分布图

（1）工作波长：紫外光纤、可见光纤、近红外光纤、红外光纤。

（2）折射率分布：阶跃（SI）型（如图 4.1.3（a）所示）、近阶跃型、渐变（GI）型（如图 4.1.3（b）所示）、其他（如三角型、W 型、凹陷型等）。

（3）传输模式：图 4.1.4（a）所示单模光纤（含偏振保持光纤、非偏振保持光纤）、图 4.1.4（b）所示多模光纤。

（a）单模光纤　　　　　　（b）多模光纤

图 4.1.4　光纤端面实物图

（4）原材料：石英玻璃、多成分玻璃、塑料、复合材料（如塑料包层、液体纤芯等）、红外材料等。按被覆材料还可分为无机材料（碳等）、金属材料（铜、镍等）和塑料等。

（5）制造方法：预塑有汽相轴向沉积（VAD）、化学气相沉积（CVD）等，拉丝法有管律法（Rod intube）和双坩锅法等。

（6）本实验用到的光纤分类如表 4.1.1 所示。

表 4.1.1　常见光纤的基本参数

光纤类型	纤芯直径/μm	包层直径/μm	涂敷层直径/μm
单模光纤	4	125	250
多模光纤	62.5	125	250

（三）光纤器件

光纤器件包括光纤有源器件和无源器件。光纤有源器件包括激光器、光电探测器、光电放大器等，他们在光路中提供能量和能量的放大；光纤无源器件包括光纤连接器、光纤耦合器、波分复用器、光开关、衰减器、隔离器和光环形器等。本实验我们主要介绍光纤耦合器。

光纤耦合器又称分歧器、连接器、适配器、法兰盘，是用于实现光信号分路/合路，或用于延长光纤链路的元件，在电信网路、有线电视网路、用户回路系统、区域网路中都会应用到。

常见光纤耦合器的工作原理如图 4.1.5 所示。它把光纤的两个端面精密对接起来，以使发射光纤输出的光能量能最大限度地耦合到接收光纤。

图 4.1.5　常用光纤耦合器原理图

光纤衰减器作为一种光无源器件，用于光通信系统当中的调试光功率性能、调试光纤仪表的定标校正，光纤信号衰减。产品使用的是掺有金属离子的衰减光纤制造而成，能把光功率调整到所需要的水平。根据端口的类型，可以将衰减器分为 SC 光纤衰减器、FC 光纤衰减器和 ST 光纤衰减器。

（四）归一化频率

光纤是一种光波导，光波在光纤中传播存在模式问题，根据光纤能传输的模式数不同，可将其分为单模光纤和多模光纤。单模光纤只能传输一种式，多模光纤能传输多种模式。

归一化频率 V 是一个与光波频率和光纤结构参数相关的参量，表达式如式（4.1.1）所示：

$$V = ka \cdot NA = ka \cdot (n_1^2 - n_2^2)^{\frac{1}{2}} \tag{4.1.1}$$

k 是平面波的波数 π/λ，λ 是波长，a 是纤芯半径，NA 是光纤数值孔径，n_1 是纤芯最大折射率，n_2 是包层折射率。由式（4.1.1）可知减小纤芯直径或减小纤芯和包层折射率差都可以减小光纤的归一化频率，当光纤的归一化频率 $V<2.405$ 时，为单模光纤，$V>2.405$ 时，为多模光纤。

（五）光纤与光源的耦合方式

光纤与光源的耦合方式有直接耦合和经聚光器件耦合两种。直接耦合是使光纤直接对准光源输出的光进行的"对接"耦合，如图 4.1.6 所示，这种方法的操作过程是：将用专用设备使切制好并经清洁处理的光纤端面靠近光源的发光面，并将其调整到最佳位置（光纤输出端的输出光强最大），然后固定其相对位置。这种方法简单，可靠，但必须有专用设备。如果光源输出光束的横截面面积大于纤芯的横截面面积，将引起较大的耦合损耗。

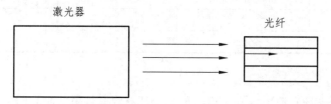

图 4.1.6　光纤与光源直接耦合示意图

聚光器件有自聚焦透镜和传统的透镜和之分。如图 4.1.7 所示，自聚焦透镜的外形为"棒"形（圆柱体），所以也称之为自聚焦棒。实际上，它是折射率分布指数为 2（即抛物线型）的渐变型光纤棒的一小段。经聚光器件耦合是将光源发出的光通过聚光器件将其聚焦到光纤端面上，并调整到最佳位置（光纤输出端的输出光强最大）。这种耦合方法能提高耦合效率。

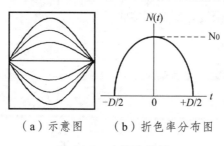

（a）示意图　（b）折色率分布图

图 4.1.7　自聚焦透镜

透镜耦合包括：

（1）端面球透镜耦合：将光纤端面做成一个半球形，端焦距透镜的作用；

（2）柱透镜耦合：柱透镜可将半导体激光器出射的椭圆光变成圆形光；

（3）透镜耦合：如图 4.1.8 所示，将激光器发出激光束用显微物镜聚焦在光纤端面上；耦合效率 η 的计算公式为：

$$\eta = \frac{P_2}{P_1} \times 100\% \text{ 或 } \eta = -101g\frac{P_2}{P_1}\text{(dB)} \qquad （4.1.2）$$

光源与光纤的耦合是指将光源发出的光功率最大限度地输送到光纤中去，耦合效率受耦合系统数值孔径匹配、光源辐射的空间分布、光源发光面积及光纤收光特性和传输特性等因素的影响。如图 4.1.8 所示，本实验采用 10 倍显微物镜耦合（显微物镜耦合属于透镜耦合方式），显微物镜数值孔径为 0.25、焦距在 1 mm 左右，将激光束耦合进光纤。

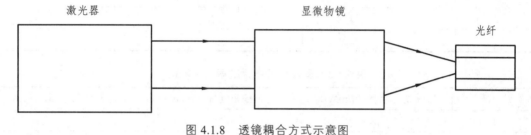

图 4.1.8　透镜耦合方式示意图

四、实验内容及步骤

透镜耦合（单模、多模步骤一致）：

（1）按图 4.1.9 搭建实验光路，打开激光器，预热 5 min。使用可变光阑作为高度参考物，调节激光器输出光束与导轨平面平行且居中（可变光阑在近处和远处都能让激光束通过）。保持此光阑高度不变，作为后续调整参考物。

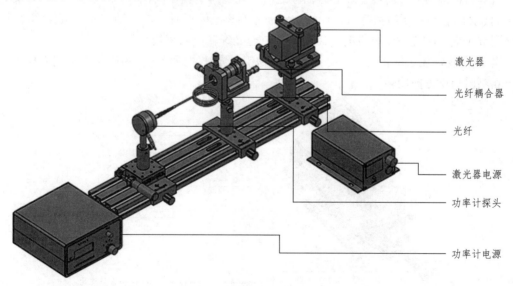

图 4.1.9　光纤耦合效率测量实验

（2）设置功率计：波长 650 nm、R5 挡、调零后测量此时激光器输出功率 P_1。保持激光器驱动电流不变。

（3）调节空间光耦合器。调整空间光耦合器之前，先用可变光阑作为高度参考物，调节显微物镜使出射的光斑中心与可变光阑中心同心。将单模光纤连接功率计和空间光耦合器，推动物镜旋钮靠近光纤端面，推动过程中，不断调整空间光耦合器 Y 向和 Z 向旋钮，重复上述过程，使得光纤的输出功率最大。记录此时光纤输出功率 P_2。

（4）重复上述操作测量 3 组数据填于表 4.1.2。

（5）将单模光纤换成多模光纤，重复步骤（1）~（4）。并将测量数据记录在表 4.1.3。

表 4.1.2　单模光纤耦合效率测量数据

编　号	激光器功率 P_1/mW	光纤输出功率 P_2/mW	单模光纤耦合效率（%）
1			
2			
3			

表 4.1.3　多模光纤耦合效率测量数据

编　号	激光器功率 P_1/mW	光纤输出功率 P/mW	多模光纤耦合效（%）
1			
2			
3			

（6）计算单模光纤耦合效率，计算多模光纤耦合效率。

五、注意事项

（1）当物镜与光纤的陶瓷插芯距离较近时，如图 4.1.10 所示空间光耦合器，主要调节的是 Y 向、Z 向旋钮；而当物镜与光纤的陶瓷插芯距离足够近时，在 X 轴方向有最佳耦合位置，应该调节 X 向（与光轴平行方向）旋钮，调节至光纤输出功率最大。

当 X 向旋钮无法旋转时，此时说明显微物镜与光纤端面接触，为避免光纤端面损坏，旋钮应立刻向相反方向旋转。

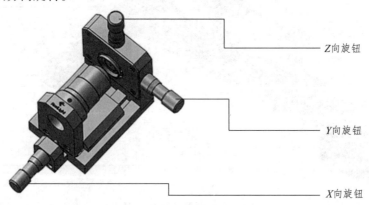

图 4.1.10　空间光耦合器

（2）光纤与空间耦合器的对接要保持在一条直线上，最大程度确保激光器的光斑在光纤的纤芯处。

（3）本实验所用光源为 650 nm 激光器，切忌不可将激光打入人眼或长时间接触身体，防止激光灼伤。

（4）实验时不可将光纤输出端对准自己或别人的眼睛，以免损伤眼睛。

（5）不要用力拉扯光纤，光纤弯曲半径一般不小于 30 mm，否则可能导致光纤折断。

（6）实验完毕，将所有的电压输出归零，切断电源，整理线路。

六、思考题

（1）影响光纤耦合效率的因素有哪些？
（2）比较单模光纤与多模光纤耦合效率，并阐述原因。

实验二　光纤数值孔径测量实验

光纤在空间中输出的光束具有一定的发散角，根据光路的可逆性原理可知，入射在光纤端面上的光线只有在该圆锥角范围内才能够折射进入光纤，并在光纤中传导。数值孔径是描述圆锥角范围的物理量。

一、实验目的

（1）学习光纤数值孔径的物理含义。
（2）掌握光纤数值孔径的测量方法。

二、实验仪器

半导体激光器、光纤耦合器、光纤、FC 法兰、功率计。

三、实验原理

数值孔径（NA）是衡量系统能够收集的光的角度范围。在光学的不同领域，数值孔径的精确定义略有不同。在光学领域，数值孔径描述了透镜收光锥角的大小；在光纤领域，数值孔径则描述了光进出光纤时的锥角大小（如图 4.2.1 所示），表征光纤接收入射光线的能力，是反映光纤与光源、光探测器及其他光纤相互耦合器件的重要参数。

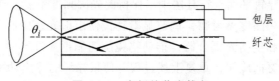

图 4.2.1　光纤的收光锥角

其基本定义式为：

$$NA = n_0 \sin\theta = n\sqrt{n_1^2 - n_2^2}$$ （4.2.1）

其中，n_0 为光纤周边介质的折射率，一般为空气（$n_0 = 1$。n_1 和 n_2 分别为光纤纤芯和包层的折射率。光纤在朗伯光源的照射下，其远场功率角分布与光纤数值孔径 NA 有如下关系：

$$\sin\theta = \sqrt{1 - \left(\frac{P(\theta)}{P(0)}\right)^{\frac{1}{2}}} = NA$$ （4.2.2）

其中 θ 是远场辐射角，$P(\theta)$ 和 $P(0)$ 分别为 $\theta = \theta$ 和 $\theta = 0$ 处的远场辐射功率。当 $P(\theta)/P(0) = 10\%$ 时，$\sin\theta \approx NA$，因此可将对应于 $P(\theta)$ 角度曲线上光功率下降到中心值的 10% 处的角度 θ_0 的正弦值定义为光纤的数值孔径，称之为有效数值孔径：$NA_{eff} = \sin\theta_0$

本实验中采用通过测量光纤出射光斑尺寸大小来计算出光线出射角度，从而确定光纤的数值孔径。这种方法在测量光纤数值孔径时较为常用。具体测量方法如图 4.2.2 所示。我们用 650 nm 激光器作为光源，此时测量出射光斑尺寸 D 和光斑距离出射端距离 L，则光纤数值孔径为：

$$NA = \sin\left[\arctan\left(\frac{D}{2L}\right)\right]$$ （4.2.3）

测量直径的方法是功率计沿着圆斑的直径由中心向外围移动，记录中心最大功率为 P_1，此时平移台刻度为 R_1；功率计向外围移动时，当边缘功率 P_2、$P_3 = P_1 \times 10\%$ 时，记录平移台刻度为 R_2、R_3。根据上述公式，数值孔径为：

$$NA = \sin\left[\arctan\left(\frac{|R_3 - R_2|}{2L}\right)\right]$$ （4.2.4）

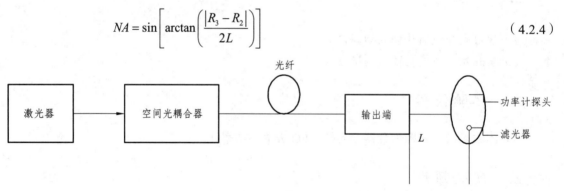

图 4.2.2　光纤数值孔径测量示意图

四、实验内容及步骤

（1）按图 4.2.3 搭建实验光路，打开激光器，预热 5 min。使用可变光阑作为高度参考物，调节激光器输出光束与导轨平面平行且居中。保持此光阑高度不变，作为后续调整参考物。

（2）用可变光阑为高度参考物，调节显微物镜使出射光斑中心与可变光阑中心同心。将单模光纤连接功率计和空间光耦合器，推动物镜旋钮靠近光纤端面，推动过程中，不断调整空间光耦合器 Y 向和 Z 向旋钮，重复上述过程，使得光纤的输出功率最大。

（3）调节功率计滤光孔在光纤出射光斑正中心，测量功率计滤光孔（滤光孔安装在功率计探头上）与光纤输出端的距离为 L。微调侧推平移台千分丝杆至功率计示数最大，测量此时功率为 P_1，记录此时平移台千分丝杆的刻度 R_1。

（4）旋动千分丝杆使滤光孔沿着径向移动测量光斑边缘功率，当功率 P_2、$P_3 = P_1 \times 10\%$ 时记录此时对应的千分丝杆的刻度 R_2、R_3。多次测量，求平均值。

（5）将实验数据填入表 4.2.1。

（6）计算数值孔径 NA。

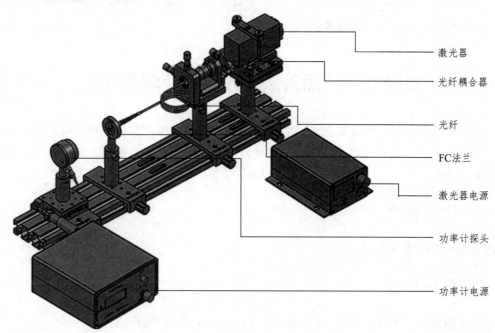

图 4.2.3　光纤数值孔径测量实验

表 4.2.1　实验数据记录表

序　号	光斑中心功率 P_1/μW	光斑边缘功率 P_2/μw	光斑边缘功率 P_3/μW	P_0 时平移台刻度 R_1/mm	P_1 时平移台刻度 R_2/mm	P_2 时平移台刻度 R_3/mm	数值孔径 NA
1							
2							
3							

五、注意事项

（1）在实验光路搭建过程中，要可变光阑在近处和远处都能让激光束通过。

（2）功率计探头与 FC 法兰的距离要保持在一定范围之内。

（3）本实验所用光源为 650 nm 激光器，切忌不可将激光打入人眼或长时间接触身体，防止激光灼伤。

（4）注意切勿用手直接接触光纤的陶瓷插芯，避免污染。如果污染了，应用酒精清洁棉片进行擦洗。

（5）实验时不可将光纤输出端对准自己或别人的眼睛，以免损伤眼睛。

（6）不要用力拉扯光纤，光纤弯曲半径一般不小于 30 mm，否则可能导致光纤折断。

（7）实验完毕，将所有的电压输出归零，切断电源，整理线路。

六、思考题

（1）光纤的数值孔径 NA 的含义是什么，与哪些因素有关？

（2）为什么光纤的数值孔径 NA 太大时，光纤的模畸变加大，会影响光纤的带宽？

（3）还有哪些方法可以测量数值孔径 NA？

实验三　"插入法"光纤损耗测量实验

衰减是光纤传输特性的重要参量，它的测量是光纤传输特性测量的重要内容之一。衰减直接影响光纤的传输效率，对于通信应用的光纤，低衰减特性尤为重要，所以必须通过测量了解衰减的大小。

一、实验目的

测量光纤的损耗。

二、实验仪器

半导体激光器、光纤耦合器、1 m 光纤、1.1 km 光纤、功率计。

三、实验原理

光纤的传输损耗描述的是光强在光纤内随着距离的衰减情况，采用的测量方案主要为插入法。计算公式为：

$$\alpha = -\frac{10}{L}\lg\left(\frac{P_1}{P_2}\right)\left(\text{dB}/\text{km}\right) \tag{4.3.1}$$

其中 P_1、P_2 分别代光纤的注入光功率和光纤的输出光功率，式（4.3.1）表示每千米的光纤损耗，如图 4.3.1 所示，在稳态注入条件下，首先测量长度为 1 m 的多模光纤输出光功率 P_1，然后，保持注入条件不变，如图 4.3.2 所示，将 1 m 长光纤通过光纤对接法兰对接到 1.1 km 光纤，测量 1.1 km 光纤输出的光功率 P_2，因对接法兰衰减可忽略，故 P_1 可认为是被测光纤的注入光功率。因此，按上面的定义式就可计算出被测光纤的衰减系数。

图 4.3.1　光纤注入光功率 P_1

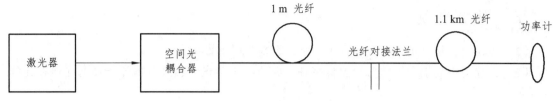

图 4.3.2　光纤输出光功率 P_2

四、实验内容及步骤

（1）按图 4.3.3 搭建实验光路，打开激光器。使用可变光阑作为高度参考物，调节激光器输出光束与导轨平面平行且居中（可变光阑在近处和远处都能让激光束通过）。保持此光阑高度不变，作为后续调整参考物。

（2）用可变光阑作为高度参考物，调节显微物镜使出射的光斑中心与可变光阑中心同心。将多模光纤连接功率计和空间光耦合器，推动物镜旋钮靠近光纤端面，推动过程中，不断调整空间光耦合器，重复上述过程，使得光纤的输出功率最大。测量此时光纤输出功率 P_1。

（3）将 1.1 km 光纤通过光纤连接器与耦合后的光纤输出端连接，测量此时 1.1 km 光纤输出端输出功率为 P_2。

（4）重复测量三次，将测量数据记录在表 4.3.1。

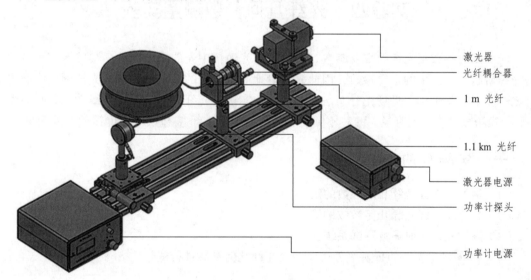

图 4.3.3　光纤损耗测量实验

表 4.3.1　光纤衰减系数测量实验数据表格

编　号	光纤注入光功率 P_1/mW	光纤输出光功率 P_2/mW	衰减系数 α/（dB/km）
1			
2			
3			

（5）计算光纤衰减系数 α。

五、注意事项

（1）实验中应确保光纤端面清洁无划痕，否则会严重影响测量结果。

（2）光纤与空间耦合器的对接要保持在一条直线上，最大程度确保激光器的光斑在光纤的纤芯处。

（3）本实验所用光源为 650 nm 激光器，切忌不可将激光打入人眼或长时间接触身体，防止激光灼伤。

（4）实验时不可将光纤输出端对准自己或别人的眼睛，以免损伤眼睛。

（5）不要用力拉扯光纤，光纤弯曲半径一般不小于 30 mm，否则可能导致光纤折断。

（6）实验完毕，将所有的电压输出归零，切断电源，整理线路。

六、思考题

（1）测量光纤损耗时，对光纤稍微用力拉紧，比较此时测得的光纤损耗的变化，并分析其原因。

（2）查阅文献资料，找出测量光纤损耗的另一种办法。

实验四　光纤几何参数测量实验

光纤几何参数是光纤的重要参数，它关系到光通信中光的耦合传输、接续等多个方面，是光纤研制、生产中的重要参数，因此，精确地测量光纤的几何参数成为光纤测试的必需项目之一。本实验采用了近场光分布法（灰度法）实现对光纤折射率分布曲线和光纤几何参数（纤芯\模场直径、包层直径、纤芯不圆度、包层不圆度、纤芯\包层同心度误差）的测量。

一、实验目的

（1）学习和掌握光纤几何参数的定义。

（2）学习和掌握光纤几何参数的测试方法。

（3）搭建光纤几何参数测试系统。

（4）对单/多模光纤的折射率分布曲线及光纤几何参数进行测量。

二、实验仪器

半导体激光器、光纤端面观察仪、FC 法兰、多模光纤跳线、USB 视频采集卡、平行可调控光源、高亮度 LED 照明灯、像素尺寸标定件、单模光纤跳线、软件狗、测微尺。

三、实验原理

（一）光纤几何参数

光纤的几何参数包括：纤芯直径、包层直径、纤芯不圆度、包层不圆度、纤芯\包层同心度误差等，图 4.4.1 以多模光纤为例说明光纤几何参数的定义。

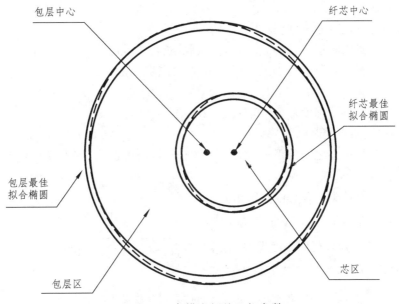

图 4.4.1　多模光纤的几何参数

（1）纤芯直径

按照 GB/T 15972.20—2008《光纤试验方法规范》的规定，多模光纤和单模光纤的纤芯定义不同。

对于多模光纤，根据测试出的折射率分布 $n(r)$，规定 n_1 表示纤芯最大折射率，n_2 表示均匀包层的折射率，则 $n_3 = n_2 + k(n_1 - n_2)$ 表示纤芯区折射率分布的轨迹，如图 4.4.1 中虚线所示，此轨迹包围的横截面称为纤芯区，常数 k 典型值为 0.025。由最小二乘法得出的与 n_3 轨迹最佳拟合的圆的直径定义为纤芯直径，其中心为纤芯中心。

对于单模光纤，国标上不建议测量纤芯直径，一般常用模场直径来描述。模场直径是用来表征在单模光纤的纤芯区域基模光的分布状态。基模在纤芯区域轴心线处光强最大，并随着偏离轴心线的距离增大而逐渐减弱。人们通常将光强降低到轴心线处最大光强的 $1/e^2$ 处所对应的直径定义为模场直径。

（2）包层直径

环绕纤芯的区域称为包层。连接光纤时，包层的外圆柱面可作用作光纤轴向定位的参照面，称为基准面。在光纤的横截面中，与规定这一参照面的封闭曲线重合得最好的圆的直径称为包层直径，此圆可由最小二乘法求得，其中心即为包层中心。

（3）纤芯不圆度

纤芯不圆度的定义为对纤芯边界作一个外接圆和一个内切圆，外接圆与内切圆的直径之差除以纤芯直径所得的值，用百分数表示。

实际计算中，可以将纤芯区域拟合成椭圆，则有：

最大纤芯直径 D_{comax}=拟合椭圆的长轴（μm）

最小纤芯直径 D_{comin}=拟合椭圆的短轴（μm）

纤芯直径 $D_{co} = (D_{comax} + D_{comin}) / 2$（μm）　　　　　　　　　　（4.4.1）

$$纤芯不圆度 \varepsilon_{co} = 100(D_{comax} - D_{comin})/D_{co}（\%） \tag{4.4.2}$$

（4）包层不圆度

包层不圆度定义同纤芯不圆度。

最大包层直径 D_{clmax}=拟合椭圆的长轴（μm）

最小包层直径 D_{cimin}=拟合椭圆的短轴（μm）

$$包层直径 D_{cl} = (D_{clmax} + D_{clmin})/2 （μm） \tag{4.4.3}$$

$$包层不圆度 \varepsilon_{cl} = 100(D_{clmax} - D_{clmin})/D_{cl}（\%） \tag{4.4.4}$$

（5）纤芯\包层同心度误差

纤芯中心与包层中心之间的距离，就是纤芯\包层同心度误差，单位为 μm，也可以用相对值来表示同心度误差。

纤芯中心 (x_{co}, y_{co})（μm）

包层中心 (x_{cl}, y_{cl})（μm）

$$纤芯\包层同心度误差= \sqrt{(x_{co} - x_{cl})^2 + (y_{co} - y_{cl})^2}（μm） \tag{4.4.5}$$

表 4.4.1 给出了常见光纤的几何参数实例。

表 4.4.1　常见光纤的几何参数实例

名　称	G.652 单模光纤	50/125 多模光纤	62.5/125 多模光纤
纤芯（模场）直径	8.6 ~ 9.5 μm	（50±2.5）μm	（62.5±2.5）μm
包层直径	（125±2）μm		
纤芯不圆度	—	≤6%	
包层不圆度	≤6%		
纤芯\包层同心度误差	≤1.5μm		

（二）近场光分布法的测量原理

光纤几何参数的常见的测试方法有：折射近场法、横向干涉法、近场光分布法和机械直径法。

本实验采用的是近场光分布法，它是通过测量光纤出射端面上导模功率的空间分布（即近场分布）来测量光纤折射率分布并用以确定几何参数的典型方法。GB/T 15972.20—2008《光纤试验方法规范》将该方法规定为多模光纤几何参数（纤芯直径除外）和单模光纤几何参数的基准测试方法。

这种方法的原理是，当用非相干光源，如朗伯光源（各辐射方向光强度都相等的点光源），照射光纤入射端，假设所有模式都均匀激励，那么从端面径向各位置进入光纤的传导功率取决于各点的局部数值孔径，孔径大，接收角大，功率大。

光纤局部的数值孔径可以描述为：

$$NA(r) = n(r)\sin\theta_c(r) = \left[n^2(r) - n^2(a) \right]^{1/2} \tag{4.4.6}$$

式中，$n(r)$ 为折射率分布，r 是径向距离，a 是纤芯半径，$n(a)$ 为包层折射率，$\theta_c(r)$ 为局部接收角。

那么，光纤距纤芯轴线为 r 处传播的光功率 $P(r)$ 可表示为：

$$P(r) = P(0)\frac{NA^2(r)}{NA^2(0)} = P(0)\frac{n^2(r) - n^2(a)}{n^2(0) - n^2(a)} \qquad （4.4.7）$$

从上式中解出 $n(r)$ 得：

$$n^2(r) = \frac{P(r)}{P(0)}\Big[n^2(0) - n^2(a)\Big] + n^2(a) \qquad （4.4.8）$$

再将式（4.4.6）带入式（4.4.8）得到折射率分布 $n(r)$ 的表达式：

$$n(r) = \sqrt{\frac{P(r)}{P(0)}NA^2(0) + n^2(a)} \qquad （4.4.9）$$

如果每个模式在传输过程中具有等量的衰减，而且没有模式耦合，就可以通过测量光纤出射端的近场光强分布 $P(r)$ 来求解折射率分布 $n(r)$，由式（4.4.9）可以看出，$n(r)$ 的变化规律与 $P(r)$ 的变化规律相似。

对于单模光纤，测量出的折射率分布曲线中，可能会出现中心凹陷的情况，这是由于光纤的制造工艺引起的，早期用化学汽相沉积法（CVD）和改进的化学汽相沉积法（MCVD）制作的预制棒和光纤的中心都存在着折射率凹陷，这种凹陷是由于在制作预制棒的烧缩收实阶段所使用的高温，使掺杂材料（通常是锗）发生蒸汽而引起的。其他方法制作的光纤不会有这种中心凹陷。

（三）近场光分布法的测试系统

近场光分布法可以采用灰度法和近场扫描法，近场扫描法只对光纤端面进行一维近场扫描，灰度法则利用视频系统实现两维（x-y）近场扫描，本实验采用的是灰度法，测试系统如图 4.4.2 所示。

图 4.4.2　近场光分布法测试系统框图

（1）光注入系统

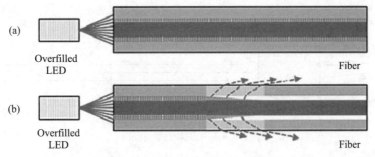

图 4.4.3　LED 光源满注入光纤

在注入端，应采用合适的光源照明纤芯和包层，实现在空间上和角度上对光纤均匀满注入。在测量期间，光源强度应是可调和稳定的。本实验采用白光 LED 光源，LED 光源可以认为是朗伯光源，可以满足"满注入"条件，使用中在 LED 前端加入毛玻璃，使 LED 发出的光空间上更加均匀。图 4.4.3（a）为"满注入"LED 激励光纤中的所有模式，这时也有部分光是在包层中传输到光纤端面的，称为"包层模"。而近场光分布法，就是利用传输到光纤端面的光纤近场端面图像（如图 4.4.4 所示），来测量光纤的各项几何参数。

图 4.4.4　多模光纤近场图像

在这里，分为多模光纤和单模光纤两种情况：

① 在测量多模光纤纤芯直径的时候，需要将包层模滤除掉，这样在光纤另一端观察到的近场图像才能准确的反映多模光纤的纤芯参数。

② 在测量单模光纤模场直径的时候，由模场直径的定义和物理意义可知，不应滤去包层模。图 4.4.3（b）就是利用"缠绕棒法"达到滤模的作用。

（2）放大光学装置

放大光学装置用于输出光纤端面的近场图像，如图 4.4.5 所示。光纤端面通过显微光学系统成像（由于显微镜的焦距一般都很短，因此可以将此时的像认为是光纤出射光的近场分布情况），由探测器（CCD 相机）接收，并利用图像采集系统进行模数转换，传输到计算机中，再进一步通过数字图像处理技术，实现光纤几何参数的测量。

由于光纤的包层不能传光，因此在视场中看不到包层，所以需要采用同轴光来实现对光纤包层的均匀照明。照明光源为蓝色匀光 LED，其光轴与显微物镜光轴垂直，经 45°半透半反镜可垂直照射在被测光纤端面上，并返回相机。

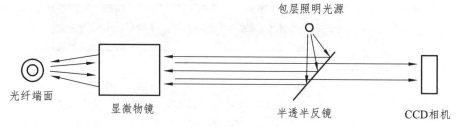

图 4.4.5　放大光学装置

对于放大光学装置，系统放大率是重要参数，对于测试测量尤为重要。但是系统放大率实际上并不精确等于理论放大率，本系统中采用有效放大率的定义，即有效放大率等于像的尺寸与物的尺寸之比，测量像显示在计算机上，有效放大率的单位为微米/像素。

（3）数字图像处理

本实验提供"光纤几何参数测量软件"，测量过程如图 4.4.6 所示。首先需要对系统放大率进行标定，然后根据采集到的通光时和无光时的光纤端面图像，进行背景扣除，计算得到光强的三维分布图及二维分布曲线，再通过式（4.4.9）计算得到折射率分布曲线，然后提取出纤芯、包层边界上的点，将其拟合成椭圆，并求解出椭圆参数。

提取纤芯时，多模光纤是根据折射率分布曲线提取，而单模光纤是根据光强分布曲线提取，这是由于多模和单模光纤纤芯直径的定义不同。

提取包层前，需要先通过滤波去除噪声，去除噪声的目的是去除图像中一些离散的噪声点，同时又不使边缘轮廓和线条变得模糊，为后续提取图像边缘做准备，去除噪声的效果如图 4.4.7 所示。包层边缘采用 Canny 算子进行提取。

椭圆参数与光纤参数的对应关系如表 4.4.2 所示，再根据公式（4.4.1）~（4.4.5），求解出光纤的各项几何参数，至此，就完成了光纤几何参数测量的所有步骤。

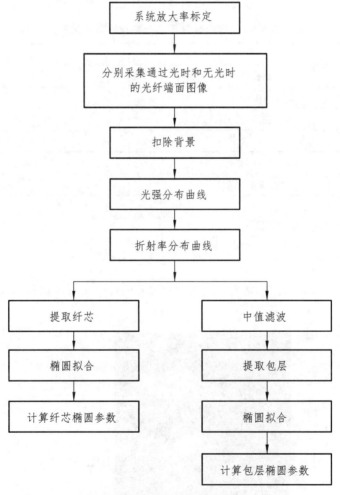

图 4.4.6　程序处理框图

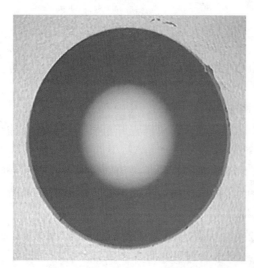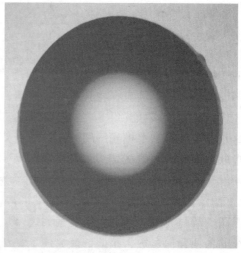

图 4.4.7　去除噪声前后图像对比

表 4.4.2　椭圆参数与光纤参数的对应关系

名　称	椭圆参数	光纤参数
纤芯	长轴长	最大纤芯直径
	短轴长	最小纤芯直径
	中心坐标	纤芯中心位置
包层	长轴长	最大包层直径
	短轴长	最小包层直径
	中心坐标	包层中心位置

四、实验内容及步骤

（一）像素尺寸标定

（1）使用 Q9 转 AV 线，连接光纤端面观察仪和图像采集卡（黄色端口），将图像采集卡连接到计算机上。

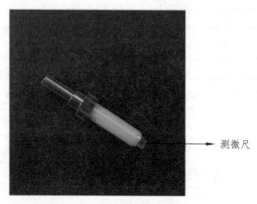

测微尺

图 4.4.8　带测微尺的光纤插针

（2）打开图像采集软件"honestech TVR2.5"，打开光纤端面观察仪电源，将前端带测微尺的光纤插针（如图 4.4.8）放入观察仪接口，转动手轮调焦至刻度清晰，如图 4.4.9 所示，测微尺的分度值为 10 μm。

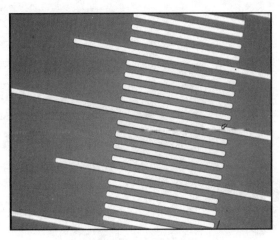

图 4.4.9　测微尺图像

（3）点击图像采集软件的捕捉画面按钮，图片会出现在下方目录，如图 4.4.10 所示，右键点击"另存为"，将图片保存下来，重复以上步骤，转动测微尺，采集不同方向的图像 5、10 张。

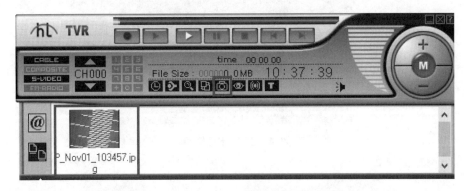

图 4.4.10　保存测微尺图像

（4）打开"光纤几何参数测量软件"，进入"像素尺寸标定"界面，加载测微尺图像，点击"标定"，软件将会对刻度进行提取，并计算出标定系数，单位为 μm/pixel，记录下此值，然后将其他测微尺图像也依次导入，得到全部标定系数后取平均值，将测试数据记录在表 4.4.3 中。

（二）多模光纤测试

（1）搭建实验系统如图 4.4.11 所示，先测量多模光纤（护套为橘色），用酒精清洁绵纸擦拭光纤端面，将一端连接到镜座的法兰上，另一端插入光纤端面观察仪接口，然后将光纤的中段在小工字轮上进行绕模，如图 4.4.12 所示，缠绕 5 圈左右，两端固定。

（2）使用图像采集软件观察光纤端面，将图像调焦至最清晰，光纤端面必须干净，否则需要重新擦拭。将 FC 法兰尽可能贴近 LED 光源，调节 LED 光源的亮度，可以先让纤芯中央出现饱和（灰度大于 255），如图 4.4.13（b）所示，调节 FC 法兰的高度和角度，使饱和部分的光斑接近圆形且位于中央，然后再降低 LED 光源的亮度，使饱和消失，但亮度不能太低，灰度在 240 左右为佳，如图 4.4.13（a）所示。

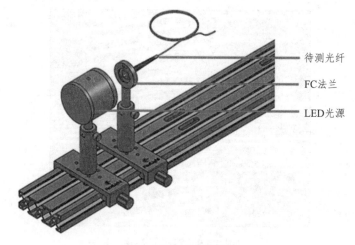

图 4.4.11　实验系统

图 4.4.12　光纤绕模

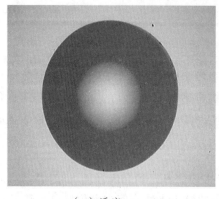

（a）适宜　　　　　　　　　　　　　　　（b）饱和

图 4.4.13　调节纤芯光强

（3）采集通光时的光纤端面图，保持测试状态不变，关闭 LED 光源，采集无光时的光纤端面图（即背景），如图 4.4.14 所示，注意，两次采集光纤端面不能有任何移动，测试条件也不能有任何变化，否则扣除背景时会出现问题，导致测试结果不准确。

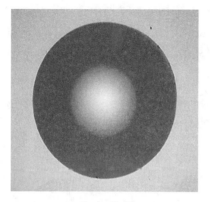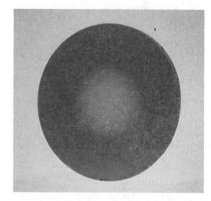

（a）通光 （b）无光

图 4.4.14　采集光纤端面图像

（4）打开"光纤几何参数测量软件"，进入"光纤端面图像"界面，分别加载通光时和无光时的光纤端面图像，点击图像下方的"三维图"，可查看通光时和无光时光纤端面光强的三维分布图，点击"去除背景"，可查看扣除背景后光纤端面光强的三维分布图，如图 4.4.15 所示。

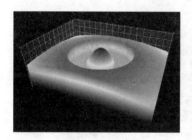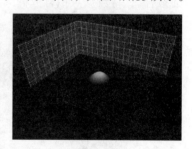

（a）通光 （b）无光 （c）去除背景

图 4.4.15　光纤端面三维光强分布

（5）进入"光强分布"界面，输入标定时得到的平均标定系数，点击"计算"，得到光强分布曲线，横坐标单位为 μm，如图 4.4.16 所示。注意曲线峰值的光强在 90 左右为宜，如果超过 100，则说明出现饱和，需要重新采集。

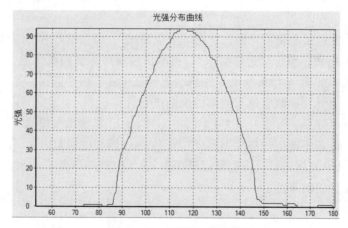

图 4.4.16　光强分布曲线

（6）进入"折射率分布"界面，输入光纤数值孔径（多模光纤为 0.275）和包层折射率（1.466），点击"计算"，得到折射率曲线，横坐标单位为 μm，如图 4.4.17 所示。

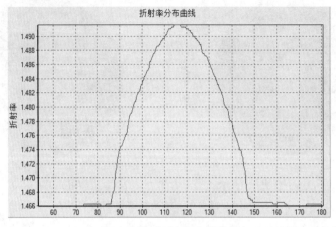

图 4.4.17　折射率分布曲线

（7）进入"光纤纤芯测量"界面，点击"边缘提取"，提取出纤芯边界上的点，点击"椭圆拟合"，将数据点拟合成椭圆，如图 4.4.18 所示，得到纤芯的光纤参数。

（a）提取边缘　　　　　　　　　　　　　　（b）椭圆拟合

图 4.4.18　纤芯测量

（8）进入"光纤包层测量"界面，点击"中值滤波"，可查看经过滤波处理后的光纤端面图像与原始图像的区别，点击"边缘提取"，提取出包层边界上的点，点击"椭圆拟合"，将数据点拟合成椭圆，如图 4.4.19 所示。注意，此时会拟合出两个椭圆，是由于包层和光纤插针之间有一层注胶，光纤参数取位于内部的椭圆进行计算。

（9）得到光纤参数后，带入公式（4.4.1）~（4.4.5），求解出多模光纤的几何参数：纤芯直径、包层直径、纤芯不圆度、包层不圆度、纤芯\包层同心度误差。

（10）多测量几个光纤端面，将数据记录在表 4.4.4 中，并与表 4.4.1 中提供的参数实例进行比较，分析测量误差的来源。

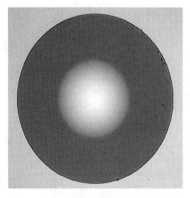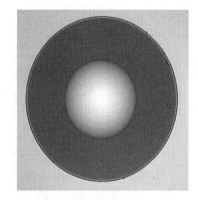

（a）提取边缘　　　　　　　　　（b）椭圆拟合

图 4.4.19　包层测量

（三）单模光纤测试

（1）单模光纤的测试的实验系统与多模光纤相同，单模光纤护套为黄色，测试时不需要绕模。

（2）采集单模光纤的端面图像时，纤芯中央会出现暗斑，这是折射率中心凹陷引起的，调节 FC 法兰的高度和角度，使暗斑尽可能小，如图 4.4.20 所示。

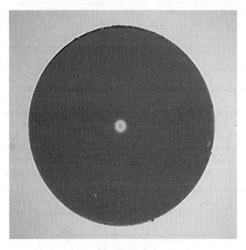

（a）通光　　　　　　　　　　（b）无光

图 4.4.20　单模光纤端面图像

（3）计算单模光纤折射率分布时，输入光纤数值孔径（单模光纤为 0.14）和包层折射率（1.466），单模光纤的折射率曲线在中心处折射率会突然变小，形成中心凹陷，如图 4.4.21 所示。

（4）得到光纤参数后，带入公式（4.4.1）~（4.4.5），求解出单模光纤的几何参数：模场直径、包层直径、包层不圆度、纤芯\包层同心度误差。

（5）多测量几个光纤端面，将数据记录在表 4.4.5 中，并与表 4.4.1 中提供的参数实例进行比较，分析测量误差的来源。

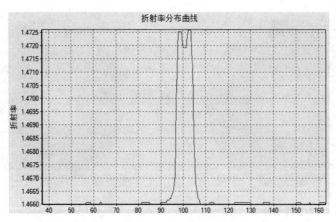

图 4.4.21　单模光纤折射率分布曲线的中心凹陷

表 4.4.3　像素尺寸标定数据记录表

	1	2	3	4	5	6	7	8	9	10
标定系数 μm/pixel										
平均值										

表 4.4.4　多模光纤几何参数数据记录表

编　　号	纤芯直径（μm）	包层直径（μm）	纤芯不圆度（%）	包层不圆度（%）	同心度误差（μm）
1					
2					
3					
4					

表 4.4.5　单模光纤几何参数数据记录表

编　号	模场直径（μm）	包层直径（μm）	包层不圆度（%）	同心度误差（μm）
1				
2				
3				
4				

五、注意事项

（1）纤芯不圆度中，对于单模光纤，国标上也不建议测量纤芯不圆度。

（2）本实验所用光源为 650 nm 激光器，切忌不可将激光打入人眼或长时间接触身体，防止激光灼伤。

（3）实验时不可将光纤输出端对准自己或别人的眼睛，以免损伤眼睛。

（4）不要用力拉扯光纤，光纤弯曲半径一般不小于 30 mm，否则可能导致光纤折断。

（5）在测量期间要保持光源强度的稳定性和可调性。

（6）在进行多模光纤测试时，要用酒精清洁棉纸擦拭光纤端面，保证光纤端面的洁净程度。

（7）采集通过光时的光纤端面时，两次采集之间不能移动光纤端面，测试条件也不能有任何变化，否则导致测试结果不准确。

（8）实验完毕，将所有的电压输出归零，切断电源，整理线路。

六、思考题

（1）影响测量光纤几何参数误差的因素有哪些？

（2）单模光纤端面图像中纤芯中央的暗斑由什么引起的？

实验五　光纤激光音频通信实验

光纤激光音频通信是指将音频信号加载到激光束中，激光通过光纤传输至接收端，由接收模块还原出激光束中所加载的音频信号。

一、实验目的

（1）了解光纤激光通信的原理。

（2）实现简单的光纤激光通信实验。

（3）对光纤出射光束进行准直操作。

二、实验仪器

半导体激光器、光纤耦合器、多模光纤跳线、1 mm 准直镜、1 km 通信光纤、光纤对接法兰、功率器。

三、实验原理

光纤激光通信系统中光源的调制主要有直接调制和间接调制两种调制方式，直接调制方法适用于半导体光源（LD 和 LED）。理想半导体激光器的 P-I 特性曲线（激光器的工作电流大于阈值电流时）呈线性关系，通过对光源驱动电流的调制，可以把光源输出的光强信号复现出电信号的变化规律，实现电信号转化为光信号的目的，是一种光强度调制（IM）的方法。强度被调制的激光，通过光纤传输到接收模块，接收模块把光强信号转化为电信号，实现音频信号还原，达到光纤音频通信的目的。

从调制信号的类型来划分，直接调制又可划分为模拟调制和数字调制，模拟调试是将连续变化的模拟信号加载到光源阈值电流以上对光源进行调制，图 4.5.1（a）和图 4.5.1（b）分别示意发光二极管和半导体激光器的模拟调制原理图。数字调制属于脉冲调制，调制驱动电流为二进制脉冲形式，利用输出光功率的有无状态来传递信息，如图 4.5.2（a）和 4.5.2（b）所示。

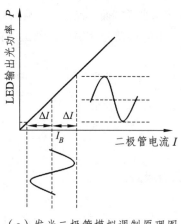

（a）发光二极管模拟调制原理图

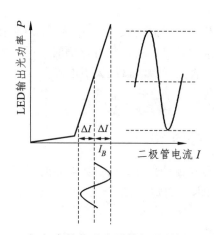

（b）半导体激光器模拟调制原理图

图 4.5.1 模拟调制原理图

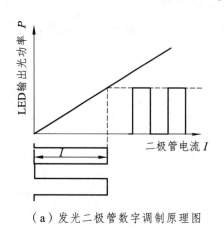

（a）发光二极管数字调制原理图

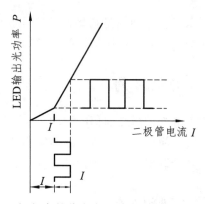

（b）半导体激光器数字调制原理图

图 4.5.2 数字调制原理图

间接调制是利用晶体的光电效应、磁光效应、声光效应以及电吸收效应等性质来实现对激光强度的调制，这种调制方式适应于任何类型的激光光源。间接调制是最常用的外调制的方法，即在激光形成以后加载调制信号。对某些类型的激光器，间接调制也可以采用内调制的方法，即在激光器的谐振腔内放置调制组件，用调制信号控制调制组件的物理性质，改变谐振腔的参数，从而改变激光输出特性以实现其调制。

本实验系统可传递语音通信。图 4.5.3 是由信号源、激光发射模块、通信光纤、接收模块和音频播放器构成的光纤音频通信系统，发射模块向光纤耦合器发射模拟光信号，模拟光信号经光耦合器耦合进入多模光纤，光纤末端输出的光束通过准直镜准直后照射在接收模块的探测器靶面上，接收模块将接收到的模拟光信号还原出模拟电信号，接收模块用阈值探测的方法检出有用信号，再经过调解电路滤去基频分量和高频分量，还原出语音信号，最后通过功放经音箱接收，完成语音通信，实现单工通信。

光纤准直器的基本原理是，将光纤端面置于准直透镜的焦点处，使光束得到准直，然后在焦点附近轻微调节光纤端面位置，得到所需工作距离，因此准直器的工作距离与光纤头和透镜的间距相关。本实验用 FC 光纤输出准直镜（图 4.5.4）对输出光进行准直操作。

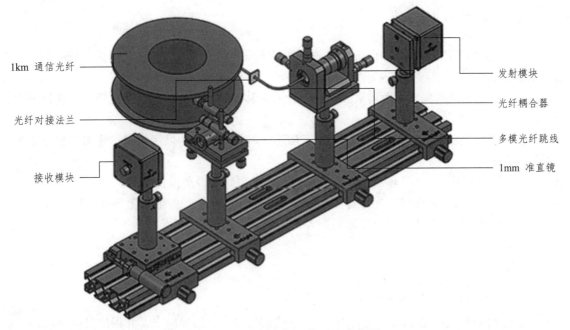

图 4.5.3　光纤音频通信系统实物图

图 4.5.4　光纤输出准直镜

四、实验内容及步骤

（1）参考图 4.5.3，打开发射模块，使用可变光阑作为高度参考物，调节发射模块输出光束与导轨平面平行且居中（可变光阑在近处和远处都能让激光束通过）。保持此光阑高度不变，作为后续调整参考物测量此时发射模块输出功率值 P_1。

（2）调节显微物镜使出射的光斑中心与可变光阑中心。将 1 m 长多模光纤（橙色光纤）连接功率计和空间光耦合器，推动物镜旋钮靠近光纤端面，推动过程中，不断调整空间光耦合器，重复上述过程，使得光纤的输出功率最大，记录此时光纤输出功率 P_2，要求 $P_1/P_2>0.85$。

（3）用光纤连接法兰连接 1 m 长多模光纤和 1.1 km 通信光纤。1.1 km 通信光纤输出光束用 1 mm 准直镜准直。

（4）准直后的激光束照射在接收模块的探测器靶面上，适当调节接收模块位置和输入音频信号强度使音响噪声最小。

五、注意事项

（1）本实验所用光源为 650 nm 激光器，切忌不可将激光打入人眼或长时间接触身体，防止激光灼伤。

（2）10 倍物镜的焦点在距离后端 1 mm 左右，移动时注意勿将光纤陶瓷插芯与物镜前端相撞，造成两者的损坏。

（3）注意切勿用手直接接触光纤的陶瓷插芯，避免污染。如果污染了，应用酒精清洁棉片进行擦洗。

（4）实验时不可将光纤输出端对准自己或别人的眼睛，以免损伤眼睛。

（5）不要用力拉扯光纤，光纤弯曲半径一般不小于 30 mm，否则可能导致光纤折断。

（6）实验完毕，将所有的电压输出归零，切断电源，整理线路。

六、思考题

（1）光纤传输系统能否传输数字信号，为什么？

（2）分析和比较 LD 模拟信号调制与 LED 模拟信号调制的异同点，并指出其优缺点。

（3）能否用一根光纤传输两路模拟信号？如果可以，如何实现？如果不行，说明理由。

第五章
线阵 CCD 传感器原理与特性测试实验

实验一 线阵 CCD 光路系统安装调试实验

一、实验目的

（1）掌握实验仪光路调整方法。

（2）掌握实验仪各信号测试点功能。

二、实验仪器

双踪同步示波器（20 MHz 以上）、光电子课程综合实训平台。

三、实验原理

光路组件包括：

（1）CCD 组件，CCD 芯片封装于此组件。

（2）镜头组件，通过调节光圈环可以改变通光量大小，调节对焦环可以调节光透过面积。

（3）物片：提供两种物片用于更换。

（4）面光源组件：置于物片后，利于成像清晰。

（5）Φ_1、Φ_2、RS、SH 分别为 CCD 芯片的驱动信号，OS 为 CCD 输出图像信号。U_o 为 CCD 输出信号经过放大之后的信号，U_i 为 U_o 二值化处理之后的信号。AGND 和 GND 为信号地线。

四、实验内容及步骤

（1）打开台体和"线阵 CCD 及 CPLD 应用开发模块"的电源开关，观察数码管显示的数据，并用积分时间设置按钮 K_1 调整积分时间挡为 1 挡（按钮依次为 3→4→5→1→2），用频率设置按钮 K_2 调整频率为 1 挡（按钮依次为 3→4→5→1→2）。然后打开示波器的电源开关，用示波器检查 CCD 的各路脉冲波形是否正确（参考 TCD1200D 的工作时序图）。如符合，则继续进行以下实验，否则，应请指导教师进行检查。

（2）调节对焦环，使光源经过镜头成像后能够覆盖整个 CCD 光敏面。

（3）调节光圈环，用示波器观察测试点 U_o 的信号，直至波形稳定如图 5.1.1。

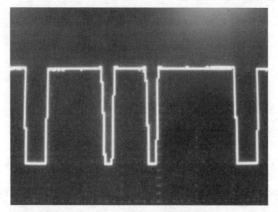

图 5.1.1　U_o 信号示波器图像

（4）用示波器观测二值化后的信号 U_i 点波形，如图 5.1.2 所示。

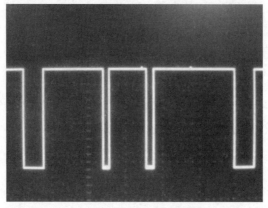

图 5.1.2　U_i 信号示波器图像

五、注意事项

使用多踪示波器检测信号时，示波器与线阵 CCD 及 CPLD 应用开发模块应共地。

六、思考题

（1）调节对焦环和光圈环对 U_i 与 U_o 波形有何影响？

实验二　CCD 驱动原理实验

一、实验目的

（1）掌握用双踪迹示波器观测二相线阵 CCD 驱动器各路脉冲的频率、幅度、周期和相位关系的测量方法。

（2）通过测量 CCD 驱动脉冲之间的相位关系，掌握二相线阵 CCD 的基本工作原理。

（3）通过测量典型线阵 CCD 的输出脉冲信号与驱动脉冲的相位关系，掌握 CCD 的基本特征。

二、实验仪器

双踪同步示波器（20 MHz 以上）、光电子课程综合实训平台。

三、实验原理

线阵 CCD 像传感器具有结构精细、体积小、工作电压低、噪声低、响应度高等优点，被广泛运用于运动图像传感、机械量非接触检测、图像数据自动获取等多领域。

线阵 CCD 像传感器是利用 CCD 所具有的光电转换和移位存储功能进行图像传感和信息处理。利用光电转换功能 CCD 将入射到 CCD 摄像区的光信号转换为与之强度相对应的电荷包的空间分布，然后利用 CCD 的移位存储功能将这些大小不一的电荷包"自扫描"到同一输出端，形成幅度不等的实时脉冲序列，经过处理便可还原成原来的光学图像。

（一）TCD1200D 的外形与管脚分布

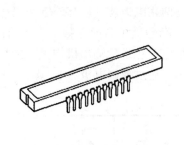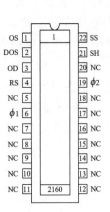

图 5.2.1　TCD1200D 的外形和管脚

（1）TCD1200D 的外形与管脚分布图 5.2.1 所示。

（2）TCD1200D 的管脚定义如表 5.2.1 所示。

表 5.2.1　TCD1200D 管脚定义

管　脚	符　号	功　能	管　脚	符　号	功　能
6	Φ_1	时钟 1	1	OS	信号输出
19	Φ_2	时钟 2	2	DOS	补偿输出
21	SH	转移栅	3	OD	电源
4	RS	复位栅	22	SS	地

（二）TCD1200D 的基本工作原理与工作时序图

（1）TCD1200D 的基本工作原理如图 5.2.2 所示。

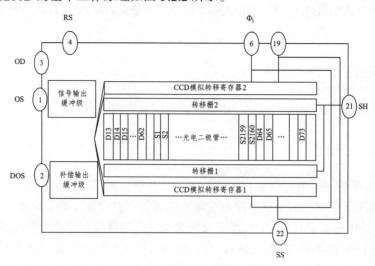

图 5.2.2 TCD1200D 工作原理图

在 CCD 两侧的模拟转移寄存器，是由一系列 MOS 电容组成。它们对光不敏感，只是接受摄像区转移来的电荷包，把他们逐个移位到输出机构中，最后传输到器件外面。摄像区 MOS 电容在光照下获得光生载流子形成电荷包。在电荷包转移期间，按奇偶序号分开，分别转移到两侧的移位寄存器中。两个移位寄存器都有两相电极 ϕ_1、ϕ_2 与外电路相连。当外电路对 ϕ_1、ϕ_2 提供适当的驱动脉冲时，移位寄存器中的电荷包就由右向左移位。在结构安排上已经保证两寄存器中的电荷包以奇偶序号交替的方式把电荷包送到输出机构，以恢复摄像时的时序。

两相 CCD 电荷包转移原理如图 5.2.3 所示，通过控制电极 SH、ϕ_1、ϕ_2 的电位高低来改变势井的深度，从而使电荷包在势井中转移。

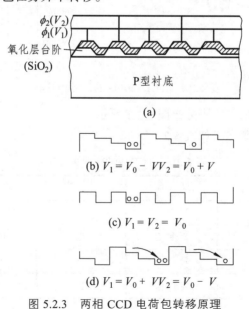

图 5.2.3 两相 CCD 电荷包转移原理

（2）TCD1200D 的工作时序图如图 5.2.4 所示。

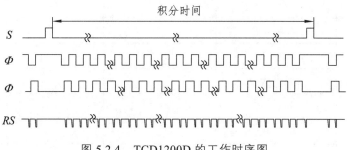

图 5.2.4　TCD1200D 的工作时序图

SH 为电荷转移控制电极。SH 为低电平时处于"采光期"，进行摄像，MOS 电容对光生电子进行积累；SH 为高电平时，摄像区积累的光生电子按奇偶顺序移向两侧的移位寄存器中，时间很短，所以 SH 脉冲的周期决定了器件采光时间的长短。

在这一个周期里，两侧的移位寄存器在 ϕ_1、ϕ_2 驱动脉冲的作用下把上一次转移来的电荷包逐个依次输出到器件外。因此 SH 的信号周期必须大于 2048/2 个 ϕ_1、ϕ_2 脉冲周期，否则电荷包不能全部输出，这样就会影响下个周期输出信号的精确度。

两侧移位寄存器中，每当 ϕ_1 高电平时就输出一个电荷包，在结构上使两侧 ϕ_1 电极轮流出现高电平，所以 ϕ_1、ϕ_2 脉冲一个周期内输出两个电荷包。这样复位脉冲也应出现两次，所以 RS 脉冲频率为 ϕ_1、ϕ_2 脉冲频率的两倍。

四、实验内容及步骤

打开台体和"线阵 CCD 及 CPLD 应用开发模块"的电源开关，观察数码管显示的数据，并用积分时间设置按钮 K1 调整积分时间挡为 1 挡（按钮依次为 3→4→5→1→2），用频率设置按钮 K2 调整频率为 1 挡（按钮依次为 3→4→5→1→2）。然后打开示波器的电源开关，用双踪示波器检查 CCD 驱动器的各路脉冲波形是否正确。如符合，则继续进行以下实验；否则，应请指导教师进行检查。

（一）驱动频率观测

（1）打开示波器的电源开关，将 CH1 和 CH2 的扫描线调至适当位置，将示波器同步选择器开关调至 CH1 位置（用 CH1 做同步信号）。打开台体和"线阵 CCD 及 CPLD 应用开发模块"开关。

（2）用 CH1 探头测试转移脉冲 SH，并调节使之同步，使 SH 脉宽适当以便于观测。

（3）用探头 CH2 分别测试 Φ_1、Φ_2 等信号。观察各信号的相位是否符合图 5.2.4 所示的波形。

（4）用探头 CH1 测试 Φ_1 并使之同步。用 CH2 分别测试 Φ_2、RS 等信号。看其是否符合图 5.2.4 所示的波形。

（5）驱动频率的测量：分别测出 Φ_1、Φ_2、RS 的周期、频率、幅度，填入表 5.2.2 中。改变频率选择开关，再测出 Φ_1、Φ_2、RS 周期、频率、幅度，也填入表 5.2.2。

（6）关机结束。关闭"线阵 CCD 及 CPLD 应用开发模块"开关，关闭示波器电源。

表 5.2.2　驱动频率测量数据数据表

驱动频率	项目	Φ_1	Φ_2	RS
1 档	周期/ms			
	频率/Hz			
	幅度/V			
2 档	周期/ms			
	频率/Hz			
	幅度/V			
3 档	周期/ms			
	频率/Hz			
	幅度/V			
4 档	周期/ms			
	频率/Hz			
	幅度/V			
5 档	周期/ms			
	频率/Hz			
	幅度/V			

（二）积分时间的测量

（1）将频率设为 1（挡），积分时间设为 1（挡），用 CH1 观测 SH 脉冲周期，并将 SH 的周期（即积分时间），填入表 5.2.3 中。改变积分时间的挡位，分别测出不同挡位下的积分时间。

（2）再改变驱动频率，测出不同挡位的积分时间，填入表 5.2.3 中。

（3）关机结束。关闭"线阵 CCD 及 CPLD 应用开发模块"开关，关闭示波器电源。

表 5.2.3　不同积分时间 SH 的周期测量数据表

驱动频率 1 挡		驱动频率 2 挡		驱动频率 3 挡		驱动频率 4 挡		驱动频率 5 挡	
积分时间/挡	SH 周期/ms	积分时间/挡	SH 周期/ms	积分时间/挡	SH 周期/ms	积分时间/挡	SH 周期/ms	积分时间/挡	SH 周期/ms
1		1		1		1		1	
2		2		2		2		2	
3		3		3		3		3	
4		4		4		4		4	
5		5		5		5		5	

（二）输出信号观测试验

（1）改变驱动频率，用示波器观测 U_o 信号。

（2）改变积分时间，用示波器观测 U_o 信号。

五、注意事项

（1）使用多踪示波器检测信号时，示波器与线阵 CCD 及 CPLD 应用开发模块应共地。

（2）特别要注意各信号之间的相位关系。

六、思考题

（1）说明 TCD1200D 的基本工作原理。

（2）在本实验中，CCD 驱动信号频率取多少为好？高些或低些会影响什么？太高或太低又会如何？

实验三　线阵 CCD 输出信号处理实验

一、实验目的

通过对典型线阵 CCD 在不同驱动频率和不同积分情况下输出信号的测量，进一步掌握 CCD 的有关特性，掌握积分时间的意义，以及驱动频率与积分时间对 CCD 输出信号的影响。

二、实验仪器

双踪同步示波器（20 MHz 以上）、光电子课程综合实训平台。

三、实验原理

本实验研究驱动频率与积分时间对 CCD 输出信号的影响，原理参考实验二。

四、实验内容及步骤

（一）不同频率与不同光强下测量物体的变化

（1）将不透光的被测物体放置到 CCD 上面，打开实验仪的电源开关。将积分时间开关置于 1 挡，驱动频率开关置于 1 挡，用 CH1 探头测量 SH 并使之同步，用 CH2 测量输出信号 U_o，观测 SH 与 U_o 的关系，并画出其波形图。

（2）改变 CCD 像敏元的照度，观察输出信号 U_o 的波形变化。画出当光强变化时输出信号 U_o 波形图。

（3）积分时间不变化，改变驱动频率完成（1），（2）步骤的实验内容。

（4）分析上述实验现象，并说明驱动频率与输出信号的变化关系。

（二）不同积分时间与不同光强下测量物体的变化

（1）将不透光的被测物体放置到 CCD 上面，打开实验仪的电源开关。将驱动频率开关置于 1 挡，积分时间开关置于 1 挡，用 CH1 探头测量 SH 并使之同步，用 CH2 测量输出信号 U_o，观测 SH 与 U_o 的关系，并画出其波形图。

（2）改变 CCD 像敏元的照度，观察输出信号 U_o 的波形变化。画出当光强变化时输出信号 U_o 波形图。

（3）驱动频率不变化，改变积分时间完成（1），（2）步骤的实验内容。

（4）分析上述实验现象，并说明积分时间与输出信号的变化关系。

（5）关机结束。关闭"线阵 CCD 及 CPLD 应用开发模块"和台体电源，关闭示波器电源。

五、注意事项

（1）使用多踪示波器检测信号时，示波器与线阵 CCD 及 CPLD 应用开发模块应共地。

（2）注意各信号之间的相位关系。

六、思考题

（1）积分时间对输出信号波形有何影响？

实验四　CCD 输出信号的二值化处理实验

一、实验目的

通过该实验，进一步掌握 CCD 的基本特性，定性了解 CCD 进行物体测量的方法。

二、实验仪器

光电子课程综合实训平台、双踪同步示波器。

三、实验原理

在 CCD 输出信号中涵盖了线阵 CCD 各像元的照度分布和像元位置信号，这在测量物体位置中显得非常重要。

当将不透明物体放置到 CCD 上后，我们观测到 U_o 的输出信号如图 5.4.1 所示。为了将物体的边界检测并描述出来，可以采用如图 5.4.2 所示的阈值法检测电路。在该电路中，电压比较器的"＋"输入端接 CCD 输出信号 U_o，而其另一端接电位可以调整的电位器上，这样便构成了可调阈值电平的固定阈值二值化电路。

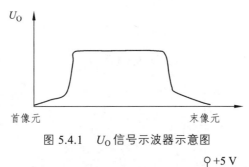

图 5.4.1　U_O 信号示波器示意图

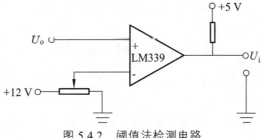

图 5.4.2　阈值法检测电路

四、实验内容及步骤

（1）打开"线阵 CCD 及 CPLD 应用开发模块"和台体电源，将示波器 CH1 探头接 CCD 输出信号 U_O（用 CH1 作同步信号），CH2 探头接硬件二值化后的信号 U_i，比较两路信号。

（2）观察二值化后的 CCD 信号的变化情况。

（3）关机结束。关闭"线阵 CCD 及 CPLD 应用开发模块"和台体电源，关闭示波器电源。

五、注意事项

（1）使用多踪示波器检测信号时，示波器与线阵 CCD 及 CPLD 应用开发模块应共地。

（2）注意各信号之间的相位关系。

六、思考题

（1）二值化前后 CCD 输出信号有何变化？

实验五　线阵 CCD 测径实验

一、实验目的

通过该实验，学习了解用 CCD 进行物体直径测量的方法。

二、实验仪器

光电子课程综合实训平台、双踪同步示波器。

三、实验原理

无物片时，CCD 输出信号 U_0 信号如图 5.5.1 所示。

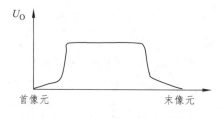

图 5.5.1　U_0 信号示波器示意图

当将不透明物体放置到 CCD 上后，我们观测到 U_0 的输出信号如图 5.5.2（a）所示。而 U_i 信号如图 5.5.2（b）所示。

图 5.5.2（b）所示中间两条波形宽度即可以表示为物片宽度。

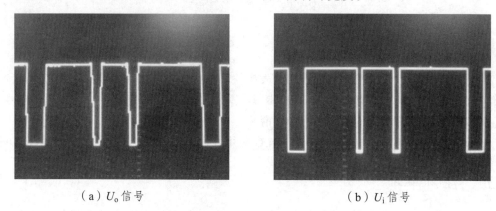

（a）U_0 信号　　　　　　　　　　　　　（b）U_i 信号

图 5.5.2　U_0 与 U_i 信号图

四、实验内容及步骤

（1）打开"线阵 CCD 及 CPLD 应用开发模块"电源，将示波器 CH1 探头接 CCD 输出信号 U_0（用 CH1 作同步信号），CH2 探头接硬件二值化后的信号 U_i。

（2）观察二值化后的 CCD 信号，测量物片宽度与一帧图像信号之比。即可算出物片宽度。

五、注意事项

（1）使用多踪示波器检测信号时，示波器与线阵 CCD 及 CPLD 应用开发模块应共地。

（2）注意各信号之间的相位关系。

六、思考题

影响测量结果误差的因素有哪些？

实验六　线阵 CCD 输出信号数据采集实验

一、实验目的

（1）掌握线阵 CCD 的 A/D 数据采集的基本原理。

（2）进一步掌握线阵 CCD 积分时间与光照灵敏度的关系。

（3）进一步掌握线阵 CCD 驱动频率与光照灵敏度的关系。

（4）掌握本实验仪配套软件的基本操作，熟悉各项设置和调整功能。

二、实验仪器

光电子课程综合实训平台、双踪同步示波器。

三、实验原理

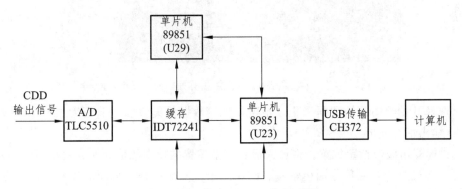

图 5.6.1　线阵 CCD 工作原理图

线阵 CCD 的 A/D 数据采集的种类和方法很多，这里只介绍实验仪所采用的 8 位并行接口方式的数据采集基本工作原理。

如图 5.6.1 所示为以 8 位 A/D 转换器件 TLC5510A 为核心器件构成的线阵 CCD 数据采集系统。以单片机完成地址译码器、接口控制、同步控制、存储器地址译码等逻辑功能。计算机软件通过向端口发送控制指令对单片机复位。单片机等待 SH 上升沿（对应于 CCD 第一个有效输出信号）触发 AD 开始工作，AD 器件则通过 RS 信号完成对每个像元的同步采样，A/D 转换输出的 8 位数字信号则存储在静态缓存器件（IDT72241）中，当一帧像元的数据转换完成后，单片机（U29）会生成一个标志转换结束的信号，同时停止 A/D 转换器和存储器的工作。单片机（U30）将此帧像元的数据进行处理，并通过 USB 接口芯片将采集信号送给计算机软件进行相关显示处理。当软件读取并处理完一行数据后，再次发送复位指令循环上述过程。

四、实验内容及步骤

（1）首先将实验仪的 USB 端口和计算机 USB 端口用专用 USB 数据线缆连接良好。

（2）打开计算机电源，完成系统启动后进入下面的操作。

（3）打开台体和"线阵CCD及CPLD应用开发模块"电源开关，用示波器测量$\Phi1$、$\Phi2$、RS、SH等各路驱动脉冲的波形是否正确。如果与实验一所示的波形相符，继续进行下面实验；否则，应请指导教师检查。

（4）检查U_o、U_i波形是否与前面实验是否一致。若不一致，应请指导教师检查。

（5）运行CCD应用软件，如果显示打开设备失败，应请指导教师检查。

如正常连接，计算机任务栏右下角会有图标显示。

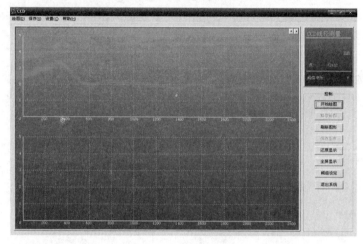

图5.6.2　软件主界面

（6）选择开始绘图开始数据采集。主窗口观察数据采集波形，上面为二值化的波形，下面为CCD输出信号波形。

（7）鼠标双击波形指定位置，将放大显示双击位置的象素幅值大小，每个页面显示50个象素，可以通过点击右上角分别指示左右的小三角符号显示相邻页面的象素。通过点击还原显示回到波形显示界面。

（8）主界面右上角CCD线径测量下面显示物体宽度（即二值化后中间高电平部分宽度）。

（9）点击阈值设定，可以对CCD输出信号进行软件二值化处理。阈值设定数值范围为：0～256，对应阈值电压为：0～4 V（界面右上角显示对应阈值电压）。

（10）点击保存可以保存波形图像到指定位置。

（11）实验完成后，关闭实验仪。

五、注意事项

（1）使用多踪示波器检测信号时，示波器与线阵CCD及CPLD应用开发模块应共地。

（2）注意各信号之间的相位关系。

六、思考题

（1）影响测量精度的因素有哪些？

实验一 透射式横（纵）向光纤位移传感实验

一、实验目的

（1）掌握强度型光纤透射传感的基本原理与调制方式。
（2）了解强度型光纤透射传感器的理论分析方法、调制特性曲线及相关影响因素。

二、实验仪器

光纤传感应用综合实验平台、迭插头连接线。

三、实验原理

透射式强度调制光纤传感原理如下图所示，调制处的光纤端面为平面，通常入射光纤不动，而接收光纤可以作纵（横）向位移，这样，接收光纤的输出光强被其位移调制。透射式调制方式的分析比较简单。在发送光纤端，其光场分布为一立体光锥，各点的光通量由函数 $\phi(r,z)$ 来描述，其光场分布坐标如图 6.1.1 所示。依照前面讲过的光纤端出射光场强度分布，当 z 固定时，得到的是横向位移传感特性函数，当 r 取定时（如 $r=0$），则可得到纵向位移传感特性函数。

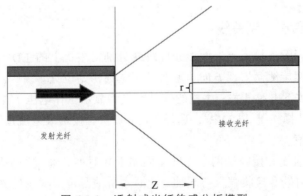

图 6.1.1　透射式光纤传感分析模型

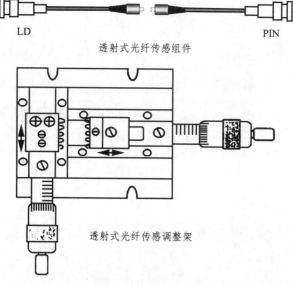

透射式光纤传感组件

透射式光纤传感调整架

图 6.1.2　透射式光纤传感实验模型

图 6.1.3　实验装置图

四、实验内容及步骤

（一）光纤位移传感调制曲线

（1）根据实验装置图连接光路，两根光纤跳线分别与主机上的 LD 输出端和 PIN 接收端相连接，并将纵向的螺旋测微器反方向（逆时针）调到初始位置。

（2）接通电源，按下电源开关，主机的液晶屏上将显示工作电压 V，工作电流 I 和光功率 P 三行数据。按步长选择按键"STEP"，选择 2 mA 步长。按增大电流按键"+"，增加驱动电流，使电流达到最大值。

（3）将光纤的发射端和接收端两个光纤端面靠近并对准，通过调整四维架和横向的螺旋测微器，使光纤的发射端和接收端保持同轴，此时主机液晶屏上显示的光功率值应为最大值。

（4）假定此时纵向螺旋测微器的读数为零，沿纵向远离的方向旋转螺旋测微器，每移动一定距离（推荐每次变化 10 ~ 50 μm，螺旋测微器的每一格对应 10 μm）记录下螺旋测微器的读数和相应的光功率值，直到光功率值减小到接近零时停止实验。

（5）根据所测数据在坐标纸上绘出相应的曲线，即纵向光纤位移传感调制曲线。

（6）测量横向光纤位移传感调制曲线时，使发射端和接收端的光纤端面保持一定距离，调整同轴。假定此时横向螺旋测微器的读数为零，旋转横向的螺旋测微器（每次移动 10 μm），使两个光纤端面在径向上偏离，记录下螺旋测微器的读数和相应的光功率值，直到光功率值减小到接近零时停止实验。

（7）根据所测数据在坐标纸上绘出相应的曲线，即横向光纤位移传感调制曲线。

以上操作属于手动操作，如果用串口线将系统主机和计算机连接起来并按下切换键"COM"（此时主机的液晶屏上显示"通讯中：是"）就可以实现计算机控制。（计算机须提前安装配套软件程序）在计算机的界面下，也可以实现以上的测量，并且可由所测数据自动描出相应的曲线进行分析。详情可参见软件操作说明。

自己动手设计基于可见光的对射式光纤位移传感系统。光纤传感应用综合实验模块上光源驱动的 L+ 和 L- 接口接光源的 LED+ 和 LED- 即可驱动白色发光二极管发光，可耦合到对射式或者反射式塑料光纤上，探测器探测到的白光通过 PD+ 和 PD- 输出接到探测器放大处理电路的 P+ 和 P- 端，V_O+ 和 GND 输出接到电压表，电压表显示电压值及课表是光强的变化。

（二）光纤数值孔径测量

光纤数值孔径的一种定义是远场强度有效数值孔径。远场强度有效数值孔径是通过测量光纤远场强度分布来确定的。它被定义为光纤远场辐射图上光强值下降到最大值的 5% 处半张角的正弦值，CCITT 规定的就是这种数值孔径，如图 6.1.4 所示。

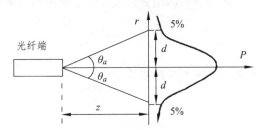

图 6.1.4　光线数值孔径测量

图中数值孔径为：

$$NA = \sin \theta_a = d / \sqrt{z^2 + d^2} \qquad (6.1.1)$$

（1）式中：z 为入射光纤端面和接收光纤端面正对时的两光纤端面间的距离；d 为当 z 一定时，接收光强下降到最大值的 5% 时，入射光纤的出射光在投影屏幕上所形成的光斑的半径。

（2）安装对射式光纤传感器实验装置。接收光纤安装在左侧平移台，发射光纤安装在右侧平移台。

（3）调节位移台，使两光纤端面距离为 1.5 mm，即 $z = 1.5$ mm，并使得探测器输出电压最大（此时两根光纤同轴心）。

（4）径向移动右侧接收光纤至接收光强接近于零，沿该方向继续旋转位移调节器 200 μm，然后反向旋转位移调节器 100 μm，以消除螺旋测微器可能存在的空程误差。

（5）平移探测光纤，每 50 μm 记一个光强对应的电压输出，直到光强（电压）增大后减小到不再改变，停止计数。根据记录数据作出光强分布曲线。

（6）根据曲线求出 d 值，并计算出光纤的数值孔径值。

五、注意事项

两根光纤跳线，分别将带有 ST 插芯的一端安装在光纤探头固定装置上，另一端接 LD 输出端和 PIN 接收端。ST 插芯比普通的 PC 插芯要长一些，通过对比观察即可辨别。

六、思考题

（1）试分析透射式光纤强度调制型传感器中，不同间距范围对应的光纤输出特性，并进行讨论。

（2）与纵向移动相比，为什么横向移动光功率变换更敏感？

实验二　反射式光纤位移传感实验

一、实验目的

（1）掌握强度型光纤反射式传感的基本原理与调制方式。

（2）了解强度型光纤反射式传感器的理论分析方法、调制特性曲线及相关影响因素。

二、试验仪器

光纤传感应用综合实验平台、迭插头连接线。

三、实验原理

采用的光纤传感器的原理如图 6.2.1 所示，实验图如图 6.2.2 所示，装置图如图 6.2.3 所示。光纤探头 A 由两根光纤组成，一根用于发射光，一根用于接收反射回的光，R 是反射材料。系统可工作在两个区域中，前沿工作区和后沿工作区（见反射式调制特性曲线）。当在后沿区域中工作时，可以获得较宽的动态范围。

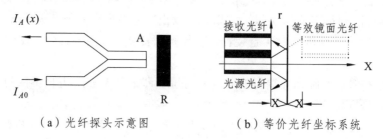

（a）光纤探头示意图　　　　（b）等价光纤坐标系统

图 6.2.1　反射式光纤传感分析模型

就外部调制非功能型光纤传感器而言，其光强响应特性曲线是这类传感器的设计依据。该特性调制函数可借助于光纤端出射光场的场强分布函数给出：

$$\phi(r,x) = \frac{I_0}{\pi\sigma^2 a_0^2[1+\xi(x/a_0)^{3/2}]^2} \exp\left[-\frac{r^2}{\sigma^2 a_0^2[1+\xi(x/a_0)^{3/2}]^2}\right] \qquad (6.2.1)$$

式中 I_0 为由光源耦合入发射光纤中的光强；$\phi(r,x)$ 为纤端光场中位置 (r,x) 处的光通量密度；σ 为一表征光纤折射率分布的相关参数，对于阶跃折射率光纤，$\sigma=1$；r 为偏离光纤轴线的距离，x 为光纤端面与反射面的距离，a_0 为光纤芯半径，ξ 为与光源种类、光纤数值孔径及光源与光纤耦合情况有关的综合调制参数。

如果将同种光纤置于发上发射光纤出射光场中作为探测接收器时，所接收到的光强可表示为：

$$I(r,x) = \iint\limits_S \varphi(r,x)\mathrm{d}s = \iint\limits_S \frac{I_0}{\pi\omega^2(x)} \exp\left[\frac{r^2}{\omega^2(x)}\right]\mathrm{d}s \qquad (6.2.2)$$

式中 $\omega(x) = \sigma a_0[1+\xi(x/a_0)^{3/2}]$，这里，$S$ 为接收光面，即纤芯端面。

在纤端出射光场的远场区，为简便计算，可用接收光纤端面中心点处的光强来作为整个纤芯面上的平均光强，在这种近似下，得在接收光纤终端所探测到的光强公式为：

$$I_A(x) = \frac{RSI_0}{\pi\omega^2(2x)} \exp\left[-\frac{r^2}{\omega^2(2x)}\right] \qquad (6.2.3)$$

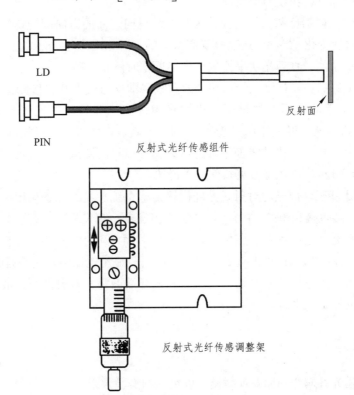

图 6.2.2　反射式光纤传感实验模型

图 6.2.3　实验装置图

四、实验内容及步骤

（1）根据实验装置图连接光路，两根光纤跳线分别与主机上的 LD 输出端和 PIN 接收端相连接，并将纵向的螺旋测微器反方向（逆时针）调到初始位置。

（2）接通电源，按下电源开关，主机的液晶屏上将显示工作电压 V，工作电流 I 和光功率 P 三行数据。按步长选择按键"STEP"，选择 2 mA 步长。按增大电流按键"+"增加驱动电流，使电流达到最大值。

（3）将发射端光纤端面和反射物端面靠近并对准，通过调整四维架和横向的螺旋测微器，使发射端光纤端面和反射物端面保持同轴。

（4）假定此时纵向螺旋测微器的读数为零，沿纵向远离的方向旋转螺旋测微器，每移动一定距离（推荐每次变化 10~50 μm，螺旋测微器的每一格对应 10 μm）记录下螺旋测微器的读数和相应的光功率值，直到光功率值减小到接近零时停止实验。

（5）根据所测数据在坐标纸上绘出相应的曲线，即反射式光纤位移传感调制曲线。

以上操作属于手动操作，如果用串口线将系统主机和计算机连接起来并按下切换键"COM"（此时主机的液晶屏上显示"通讯中：是"）就可以实现计算机控制。（计算机须提前安装配套软件程序）在计算机的界面下，也可以实现以上的测量，并且可由所测数据自动描出相应的曲线进行分析。详情可参见软件操作说明。

自己动手设计基于可见光的对射式光纤位移传感系统。光纤传感应用综合实验模块上光源驱动的 L+ 和 L- 接口接光源的 LED+ 和 LED- 即可驱动白色发光二极管发光，可耦合到对射式或者反射式塑料光纤上，探测器探测到的白光通过 PD+ 和 PD- 输出接到探测器放大处理电路的 P+ 和 P- 端，V_O+ 和 GND 输出接到电压表，电压表显示电压值及课表是光强的变化。

自己动手设计光纤液位测量系统。将反射式光纤端面垂直对着液面，液面可视为反射式光纤位移传感中的平面反射镜。

五、注意事项

不要用手触摸光纤陶瓷端面及反射镜，以免影响实验效果。

六、思考题

（1）绘制实验图，通过选取曲线图中线性最好的一段作为实际位移传感应用，并与实际结果进行比较。

（2）温度等参数是否对本实验结果造成影响？

（3）比较本实验与透射式光纤位移传感实验两者之间的优缺点。

实验三 微弯式光纤位移/压力传感实验

一、实验目的

（1）掌握光纤弯曲损耗的基本规律。

（2）了解光纤弯曲传感原理与技术。

（3）简要了解光纤弯曲传感调制器的特性。

二、实验仪器

光纤传感应用综合实验平台、迭插头连接线。

三、实验原理

在光通信领域，光纤弯曲引起的损耗一直备受关注。D.Marcuse 和 D.Gloge 关于光纤弯曲引起的模耦合的研究结果，对于发展光纤弯曲损耗的研究领域具有重要的意义。随着光纤传感器技术的发展，现今，弯曲引起的损耗已成为一种有用的传感调制技术，也已开展了大量的研究，可以利用光纤的弯曲来测量多种物理量。

微弯型光纤传感器的原理结构如图 6.3.1，实验图如图 6.3.2 所示，装置图如图 6.3.3 所示。当光纤发生弯曲时，由于其全反射条件被破坏，纤芯中传播的某些模式光束进入包层，造成光纤中的能量损耗。为了扩大这种效应，我们把光纤夹持在一个周期波长为 A 的梳妆结构中。当梳妆结构（变形器）受力时，光纤的弯曲情况将发生变化，于是纤芯中跑到包层中的光能（即损耗）也将发生变化，近似的将把光纤看成是正弦微弯，其弯曲函数为：

$$f(z) = \begin{cases} A\sin\omega \cdot Z & (0 \leqslant Z \leqslant L) \\ 0 & (Z < 0, Z > L) \end{cases} \tag{6.3.1}$$

式中 L 是光纤产生微弯的区域，A 为其弯曲幅度，ω 为空间频率，设光纤微弯变形函数的微弯周期为 Λ，则有 $\Lambda = 2\pi / \omega$。光纤由于弯曲产生的光能损耗系数是：

$$\alpha = \frac{A^2 L}{4} \left\{ \frac{\sin[(\omega - \omega_c)L / 2]}{(\omega - \omega_c)L / 2} + \frac{\sin[(\omega + \omega_c)L / 2]}{(\omega + \omega_c)L / 2} \right\} \tag{6.3.2}$$

式中 ω_c 称为谐振频率。

$$\omega_c = \frac{2\pi}{A_c} = \beta - \beta' = \Delta\beta \tag{6.3.3}$$

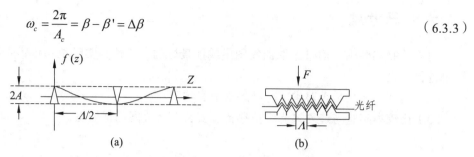

图 6.3.1　微弯型光纤传感分析模型

A_c 为谐振波长，β 和 β' 为纤芯中两个模式的传播常数，当 $\omega = \omega_c$ 时，这两个模式的光功率耦合特别紧，因而损耗也增大。如果我们选择相邻的两个模式，对光纤折射率为平方律分布的多模光纤可得：

$$\Delta\beta = \frac{\sqrt{2\Delta}}{r} \tag{6.3.4}$$

r 为光纤半径，Δ 为纤芯与包层之间的相对折射率差。由（6.3.3）（6.3.4）式可得：

$$A_c = \frac{2\pi r}{\sqrt{2\Delta}} \tag{6.3.5}$$

对于通讯光纤 $r = 25\,\mu m, \Delta \leqslant 0.01$，$A_c \approx 1.1\,mm$。（6.3.2）式表明损耗 α 与弯曲幅度的平方成正比，与微弯区的长度成正比。通常，我们让光纤通过周期为 Λ 的梳妆结构来产生微弯，按式（6.3.5）得到的 A_c 一般太小，实用上可取奇数倍，即 3、5、7 等，同样可得到较高的灵敏度。

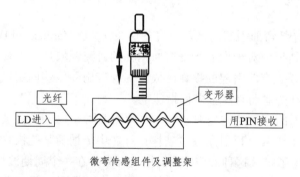

微弯传感组件及调整架

图 6.3.2　微弯型光纤传感实验模型

图 6.3.3　实验装置图

四、实验内容及步骤

（1）根据实验装置图连接光路，两根光纤跳线分别与主机上的 LD 输出端和 PIN 接收端相连接。

（2）接通电源，按下电源开关，主机的液晶屏上将显示工作电压 V，工作电流 I 和光功率 P 三行数据。按步长选择按键"STEP"，选择 2 mA 步长。按增大电流按键"+"增加驱动电流，使电流达到最大值。

（3）将被测光纤放置在弯曲变形调制器中。利用螺旋测微器首先使弯曲变形器与光纤接触，记录此时的光功率值，同时记录当前螺旋测微器的读数。

（4）每旋进 50 μm 记录一次光功率值，将所得数据绘成曲线，该曲线即可作为微位移测量的标定曲线，用于微位移检测。利用这条曲线可以方便地对光纤弯曲损耗的特性进行研究。

（5）以上操作属于手动操作，如果用串口线将系统主机和计算机连接起来并按下切换键"COM"就可以实现计算机控制。（计算机须提前安装配套软件程序）在计算机的界面下，也可以实现以上的测量，并且可由所测数据自动描出相应的曲线进行分析。详情可参见软件操作说明。

五、注意事项

（1）不要用力压迫光纤以免光纤被压断，当光功率值显示接近零时停止实验。

六、思考题

（1）绘制实验结果图，观察光功率与弯曲位移之间的变化，拟合传感公式。
（2）温度等参数是否对本实验结果造成影响？

实验四 光纤端场角度传感实验

一、实验目的

（1）掌握光纤端面角度和损耗的基本规律。
（2）了解光纤端场角度传感原理与技术。

二、实验仪器

光纤传感应用综合实验平台、迭插头连接线。

三、实验原理

当两根光纤端面间距和角度不同情况下相对时，引入的损耗如下式：

$$L_{\text{SMeff}} = -10\log[\frac{64n_1^2 n_3^2 \sigma}{(n_1+n_3)^4 q}\exp(-\frac{\rho u}{q})]$$

（6.4.1）

其中　$\rho = (kW_1)^2$;

$u = (\sigma+1)F^2 + 2\sigma FG\sin\theta + \sigma(G^2+\sigma+1)\sin^2\theta$;

$q = G^2 + (\sigma+1)^2$;

$F = d / (kW_1^2)$;

$G = s / (kW_1^2)$;

$\sigma = (W_2 / W_1)^2$;

$k = 2\pi n_3 / \lambda$;

n_1 为光纤纤芯的折射率；n_3 为光纤端面间的介质折射率；λ 为光源的波长；d 为横向偏移；s 为纵向偏移；θ 为角度对准误差；W_1 为发送光纤的模场直径的 $1/e$；W_2 为接收光纤的模场直径的 $1/e$。

为了排除其他因素的影响，首先要使两个光纤端面中心对准，即没有横向偏移，调整并固定两个端面的纵向距离，然后就可以进行角度传感实验。与光纤端面相比，光纤准直器对角度更加敏感，调整难度也较大一些。

图 6.4.1 所示为光纤端场角度传感模型，实验图如图 6.4.2 所示，装置图如图 6.4.3 所示。

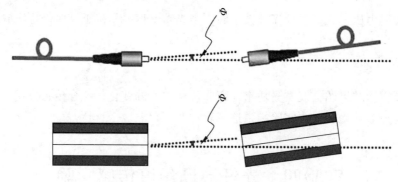

图 6.4.1　光纤端场角度传感模型

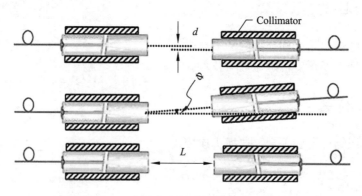

图 6.4.2　光纤准直器端场角度传感模型

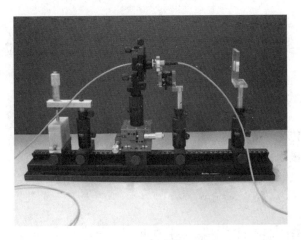

图 6.4.3　实验装置图

四、实验内容及步骤

（1）根据实验装置图连接光路，两根光纤跳线分别与主机上的 LD 输出端和 PIN 接收端相连接，并将纵向的螺旋测微器反方向（逆时针）调到初始位置。

（2）接通电源，按下电源开关，主机的液晶屏上将显示工作电压 V，工作电流 I 和光功率 P 三行数据。按步长选择按键"STEP"，选择 2 mA 步长。按增大电流按键"+"增加驱动电流，使电流达到最大值。

（3）将光纤的发射端和接收端两个光纤端面靠近并对准，将精密角位移台调整到零度角，通过调整四维架和横向的螺旋测微器，使光纤的发射端和接收端保持同轴，此时主机液晶屏上显示的光功率值应为最大值。

（4）通过精密角位移台上的旋钮调整光纤端面的倾斜角度，并实时记录接收到的光功率，将所得数据绘成曲线，该曲线即可作为光纤端场角度传感测量的标定曲线，用于角度检测。

（5）以上操作属于手动操作，如果用串口线将系统主机和计算机连接起来并按下切换键"COM"（此时主机的液晶屏上显示"通讯中：是"）就可以实现计算机控制。（计算机须提前安装配套软件程序）在计算机的界面下，也可以实现以上的测量，并且可由所测数据自动描出相应的曲线进行分析。详情可参见软件操作说明。

五、注意事项

两根光纤跳线，分别将带有 ST 插芯的一端安装在光纤探头固定装置上，另一端接 LD 输出端和 PIN 接收端。ST 插芯比普通的 PC 插芯要长一些，通过对比观察即可辨别。

六、思考题

（1）如何保证两个光纤端面的中心对准？

实验五 光纤温度压力传感实验

一、实验目的

（1）了解和掌握传光型光纤传感原理。
（2）光纤温度和压力传感实验。

二、实验仪器

光纤传感应用综合实验平台、迭插头连接线。

三、实验原理

在传输型光纤传感器中，光纤本身作为信号的传输线，利用温度（压力）–电–光–光–电的转换来实现温度压力的测量。主要应用在恶劣环境中，用光纤代替普通电缆传送信号，可以大大提高温度测量系统的抗干扰能力，提高测量精度。光纤温度传感原理系统框图如图6.5.1 所示，光纤压力传感原理系统框图如图 6.5.2 所示。

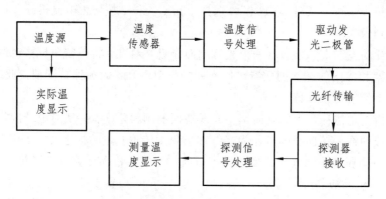

图 6.5.1　光纤温度传感原理系统框图

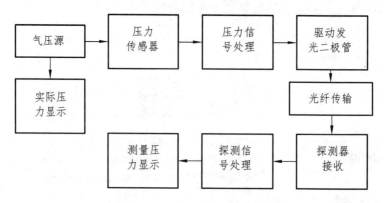

图 6.5.2　光纤压力传感原理系统框图

四、实验内容及步骤

（一）传导型光纤温度传感器测温度原理实验

（1）集成温度传感器插入主机箱上散热块，连线按照颜色对应接入主机箱温度传感器接口。光纤两端分别插入光纤传感应用综合实验模块光源和探测器孔。

（2）将 V/I 变换处理模块的的输出 V_0+、GND 和电压表的+、-相连，A+和 GND 上下两个插孔接电流表的+、-输入插孔。V/I 变换处理模块的 L+和 L-接光源 LED+和 LED-，PD+和 PD-接 P+和 P-。

（3）打开主机箱电源，再打开温控仪电源开关和致冷器开关。温度从 10℃ 开始，仪表每隔 5 ℃，记录一次电压表读数。当温度加热与冷却平衡时，即温控仪的显示的温度稳定不变时，记下主机箱电压表的读数，填入表 6.5.1，并根据实验数据在图 6.5.3 中作实验曲线。

表 6.5.1　传导型光纤温度传感器测压力测试数据列表

温控仪/°C	10	15	20	……	50	55	60
电压表/V				……			

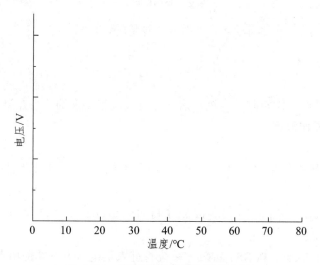

图 6.5.3　光纤温度传感实验坐标图

（二）传导型光纤压力传感器测压力原理实验

（1）气压表接主机箱面板气压输出接口。

（2）将 V/I 变换处理模块的的输出 V_0+、GND 和电压表的+、-相连，A+和 GND 上下两个插孔接电流表的+、-输入插孔。V/I 变换处理模块的 L+和 L-接光源 LED+和 LED-，PD+和 PD-接 P+和 P-。

（3）打开主机箱电源，再打开气压电源开关。调节转子流量计使气压从 7 kPa 开始，根据表 6.5.1，记录主机箱电压表读数（待气压表指针稳定后再读数），填入表 6.5.2，并在图 6.5.4 根据实验数据作特性曲线。

表 6.5.2　传导型光纤压力传感器测压力测试数据列表

压力/kPa	7	8	9	10	12	14	16	18
U/V								

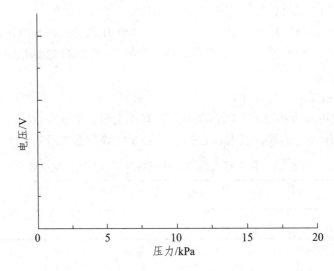

图 6.5.4　光纤压力传感实验坐标图

五、注意事项

（1）仪表参数修改，设定时的人机对话均通过按键来实现的。当在第一次使用本产品时，请详细阅读下面的操作流程。

（2）注意：

① 在第二设定状态，当 $AT=0$ 时，按 SET 键时间超过 5 s 将退出设定状态，进入正常控制状态。

② 在第二设定状态，当 $AT=1$ 时，按 SET 键时间超过 5 s，系统将退出设定状态并自动进入自整定寻优状态。

③ 在自整定工作状态，按 SET 键后，系统将进入设定状态，并退出自整定状态，你若要重回自整定状态时，则可把 AT 再设置成 1 后退出。

④ 在设定状态设定完成后，如不按正确操作退出设定状态，超过 30 s 后，系统将自动退出设定状态，你前次所设定参数被宣布无效。

六、思考题

（1）在光纤温度传感中，影响测量灵敏度的因素有哪些？

实验六 光纤火灾预警系统实验

一、实验目的

（1）掌握透射式光纤测量烟雾原理与方法。
（2）掌握反射式光纤测量烟雾原理与方法。

二、实验仪器

光纤传感应用综合实验平台、迭插头连接线。

三、实验原理

（一）反射式光纤烟雾传感器

图 6.6.1 所示为反射式光纤烟雾传感器原理图。

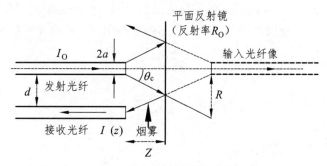

图 6.6.1 反射式光纤烟雾传感器原理图

设 ε 为光源种类及光源跟光纤耦合情况有光的调制参数，α 为烟雾吸收光强系数，β 为烟雾散射光强系数，c 为烟雾浓度则有：

$$I(z) = I_o \frac{R_o}{\left[1 + \xi(\frac{z}{\alpha})^{\frac{3}{2}} \tan\theta_c\right]^2} \cdot \exp\left\{-\frac{R^2}{r^2\left[1 + \xi(z/\alpha)^{3/2}\tan\theta_c\right]^2}\right\} \cdot \exp(-\alpha cz - \beta z) \quad (6.6.1)$$

其中 θ_c 为光纤最大孔径角。

当探头距离反射面较小时且光源与输入光纤耦合较好，采用准共路光纤，则 $\varepsilon \approx 0$，则上式变形为：

$$I(z) = I_o R_o \cdot \exp\left(-\frac{R^2}{\alpha^2}\right) \cdot \exp(-\alpha cz - \beta z) \quad (6.6.2)$$

其中：

$$\tan\theta_c = \frac{R}{2z}$$

再对上式展开忽略高阶项，近似得到：

$$I(z)=I_0\frac{\alpha^2 R_O}{4z^3\tan^2\theta_c(\alpha c+\beta)}\tag{6.6.3}$$

由上式知道：z 一定时，α 增大时，灵敏度增大；烟雾浓度 c 增大，灵敏度增大；散射光强系数 β 增大，灵敏度增大。一般吸收光强系数 α 为定值，当浓度 c 增大时，散射光强系数 β 也增大。

（二）透射式光纤烟雾传感器

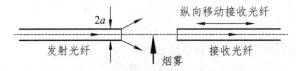

图 6.6.2　透射式光纤烟雾传感器原理图

图 6.6.2 中，当移动接收光纤时，其接收到的光强大小不一样，当两根光纤纤芯对准时并且紧紧靠在一起时接受光纤接收到的光强最强；两光纤间距越大，发射光纤发射出来的光斑面积越大，单位面积上的接收到的光强越弱；即两光纤间距越大，接收光纤接收到的光强越小。

发射光纤（输入光纤）输出的光强为高斯函数，当两光纤共轴时，接收光纤接收到的光强 I 与其纵向移动间距 z 近似为线性关系，当有烟雾作用时，接收光纤接收到的光强为：

$$I(z)=I_0\frac{\alpha^2}{\tan^2\theta_c z^3}\cdot\exp(-\alpha c z-\beta z)\tag{6.6.4}$$

再对上式展开忽略高阶项，近似得到：

$$I(z)=I_0\frac{\alpha^2}{\tan^2\theta_c z^3(\alpha c+\beta)}\tag{6.6.5}$$

由上式知道：z 一定时，α 增大时，灵敏度增大；烟雾浓度 c 增大，灵敏度增大；散射光强系数 β 增大，灵敏度增大。一般吸收光强系数 α 为定值，当 y 烟雾浓度 c 增大时，散射光强系数 β 也增大。

四、实验内容及步骤

（一）反射式光纤传感器烟雾报警实验

（1）把反射式光纤传感器安装在光纤支架上，端面垂直入射至反射镜。发射端、接收端分别插入光纤传感器模块上的光源座孔和探测器座孔上。

（2）光纤传感应用综合实验模块上光源驱动的 L+和 L-接口接光源的 LED+和 LED-即可驱动白色发光二极管发光，可耦合到对射式或者反射式塑料光纤上，探测器探测到的白光通过 PD+和 PD-输出接到探测器放大处理电路的 P+和 P-端，V_0+和 GND 输出超低频放大电路的 V_i+和 GND。

（3）用烟雾喷向探头，观察报警处理电路指示灯变化情况并分析。

（二）透射式光纤传感器烟雾报警实验

（1）把对射式光纤传感器安装在光纤支架上，端面同轴对准。发射端、接收端分别插入光纤传感器模块上的光源座孔和探测器座孔上。

（2）光光纤传感应用综合实验模块上光源驱动的 L+和 L-接口接光源的 LED+和 LED-即可驱动白色发光二极管发光，可耦合到对射式或者反射式塑料光纤上，探测器探测到的白光通过 PD+和 PD-输出接到探测器放大处理电路的 P+和 P-端，V_0+和 GND 输出超低频放大电路的 V_i+和 GND。

（3）用烟雾喷向探头，观察报警处理电路指示灯变化情况并分析。

（三）光纤温度传感报警实验

（1）集成温度传感器插入主机箱上散热块，连线按照颜色对应接入主机箱温度传感器接口。光纤两端分别插入光纤传感应用综合实验模块光源和探测器孔。

（2）将 V/I 变换处理模块的的输出 V_0+、GND 和电压表的+、-相连，A+和 GND 上下两个插孔接电流表的+、-输入插孔。V/I 变换处理模块的 L+和 L-接光源 LED+和 LED-，PD+和 PD-接 P+和 P-，探测器放大处理电路的 V_0+和 GND 输出接上下限报警电路的 V_i+和 GND。

（3）打开主机箱电源，再打开温控仪电源开关和致冷器开关。

（4）图 6.6.3 为上下限报警电路原理图，J24 为 V_i+，J25 为 GND，对应为报警电路输入端，J23 为 CS2，测量 J23 点输出即为温度转换后的输出电压，U10 的 3 脚电压为上限报警电压，可以通过上限阈值调节旋钮来调节，U10 的 6 脚电压为下限报警电压，可以通过下限阈值调节旋钮来调节。从而自由设定上下限报警电压。

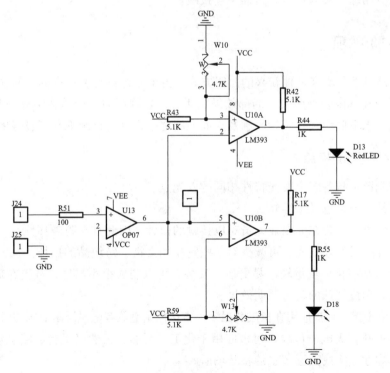

图 6.6.3　光纤温度传感报警实验图

五、注意事项

（1）两根光纤跳线，分别将带有 ST 插芯的一端安装在光纤探头固定装置上，另一端接 LD 输出端和 PIN 接收端，ST 插芯比普通 PC 插芯要长一些。

（2）实验要在环境光稳定的情况下进行，否则会影响实验精度。

六、思考题

（1）反射式光纤传感与透射式光纤传感相比，哪个更适合用于烟雾报警?

实验七　光纤照明实验系统设计实验

一、实验目的

了解并掌握光纤照明系统的原理及应用。

二、实验仪器

光纤传感应用综合实验平台、迭插头连接线。

三、实验原理

光纤照明是最近几年来一种新兴的照明方式。由于光纤自身所具有的一些独特物理特性，光纤照明被应用在室内装饰照明、局部效果照明、广告牌照明、建筑物室外公共区域的引导性照明、室内外水下照明和建筑物轮廓及立面照明之中，并且已经取得了良好的照明效果。

（一）光纤照明的特点

（1）单个光源可具备多个发光特性相同的发光点。

（2）光源易更换，也易于维修。

（3）发光器可以放置在非专业人员难以接触的位置，因此具有防破坏性。

（4）无紫外线、红外线光，可减少对某些物品如文物、纺织品的损坏。

（5）发光点小型化，重量轻，易更换、安装，可以制成很小尺寸，放置在玻璃器皿或其他小物体内发光形成特殊的装饰照明效果。

（6）无电磁干扰，可被应用在核磁共振室、雷达控制室等有电磁屏蔽要求的特殊场所之内。

（7）无电火花，无电击危险，可被应用于化工、石油、天然气平台、喷泉水池、游泳池等有火灾、爆炸性危险或潮湿多水的特殊场所。

（8）可自动变换光色。

（9）可重复使用，节省投资。

（10）柔软易折不易碎，易被加工成各种不同的图案；系统发热低于一般照明系统，可降低空调系统的电能消耗。

（二）光纤照明系统组成

（1）发光器

发光器即光源装置。根据其内部所配光源不同，一般分成卤钨灯系列、金卤灯和 LED 灯系列。其中卤钨灯光源功率一般为 50 W 或 75 W，输入电压为交流 12 V（装置自带电源变压器），适用于博物馆或展览馆等对温湿度及紫外线、红外线有特殊控制要求的场所；金卤灯光源功率一般为 150 W 或 200 W，输入电压为交流 220 V，适用于建筑物轮廓照明及立面照明等光亮度要求较高的场所。LED 灯光源功率一般在 50 W 以下。本实验仪使用的为 16 W 单头带遥控的 LED 光源器，可发出 13 种颜色光。该装置自带电源插头，适用的电源为交流 220 V，50 Hz。

（2）发光导体

发光导体一般由塑料或玻璃纤维束或单根塑料纤维构成，考虑到传输过程中的光衰减，其长度一般不超过 30 m。可通过系统串联解决。常见的发光导体有以下几种：

① 端面发光光纤。

光纤外覆非常薄的塑料或玻璃纤维涂层，防止光线外泻，其外有一层不透明的衬层和一层塑料、橡胶或金属丝制的耐热、抗紫外线保护套（用于保护和支撑光纤）。

② 通体发光光纤。

光纤采用特殊结构，可通体发光，其外有一层透明的衬层和一层耐热、抗紫外线的 PVC 透明保护套。

③ 流星光纤也称为闪点光纤。

光纤采用特殊结构，可发出星星闪烁般光芒。

（3）终端附件

各种光纤的末端，均可根据实际需要配置终端附件。有筒灯型、配透镜型（可聚光或发散光）、地面专用型以及水下型终端。本实验配置的为水晶珠，可以为实际照明提供不同效果。

（三）光纤照明典型应用

由于光纤照明所具有的许多特点，使得它的应用是广泛的，现根据不同的使用地点和使用效果对其典型应用进行分析说明。

（1）电视会议桌面照明

采用末端发光系统，配置聚光透镜型发光终端附件由顶部垂直照射，在桌面形成点状光斑，适合与会人员读写而不影响幻灯投影讲解的进行。

（2）置于顶部较高、难于进行维护或无法承重的场所的效果照明

将末端发光系统用于酒店大堂高大穹顶的满天星造型，配以发散光透镜型发光终端附件和旋转式玻璃色盘，可形成星星闪闪发光的动态效果，远非一般照明系统可比。

（3）建筑物室外公共区域的引导性照明

采用落地管式（线发光）系统或埋地点陈指引式（末端发光）系统用于标志照明，同一般照明方式相比减少了光源维护的工作量，且无漏电危险。

（4）室外喷泉水下照明

采用末端发光系统，配置水下型终端，用于室外喷泉水下照明，且可由音响系统输出的音频信号同步控制光亮输出和光色变换。其照明效果及安全性好于普通的低压水下照明系统，并易于维护，无漏电危险。

（5）建筑物轮廓照明及立面照明

采用线发光系统与末端发光系统相结合的方式，进行建筑物轮廓及立面照明。如香港中银大厦外立面圣诞节装饰照明系统，该系统图案新潮，色彩变化丰富。其施工方便，安装周期短，具有较强的时效性，且能够重复使用，节省投资。

（6）建筑物室内局部照明

采用末端发光系统，配置聚光透镜型或发散光透镜型发光终端附件用于室内局部照明。如卢浮宫博物馆内对温湿度及紫外线、红外线有特殊控制要求的丝织品文物、绘画文物或印刷品文物的局部照明，均采用光纤照明系统。

（7）建筑物广告牌照明

线发光光纤柔软易折不易碎，易被加工成各种不同的图案，无电击危险，无需高压变压器，可自动变换光色，并且施工安装方便，能够重复使用。因此，常被用于设置在建筑物上的广告牌照明。同传统的霓虹灯相比，光纤照明具有明显的性能优势。

（四）光纤照明产品的安装

（1）发光器安装

一般发光器装置应被放置在方便操作、易于维修及外人不易接近的场所。室内型发光器可直接安装在电气竖井内的专用支架上，也可将其放置在带锁的配电箱内，靠墙明装或嵌墙暗装；室外型发光器可直接安装在室外专用支架上，也可将其放置在带锁的户外防雨箱内，靠墙或在角钢支架上安装。系统的金属保护外壳和金属安装配件均应与屋面的防雷装置做可靠的电气连接。安装时还应视现场的实际情况为其配有可靠的电源插座。

（2）光纤安装

端面发光光纤的敷设类似于一般电缆，可穿 PVC 塑料管或沿塑制线槽敷设，通常应尽量平直，减少弯曲，以防止弯曲光损耗。若有弯曲，其拐弯半径应大于或等于其直径的 12 倍。

通体发光光纤一般敷设在广告牌表面、建筑物表面或建筑物内墙表面，可采用卡钉或绑扎带固定，弯曲时拐弯半径应大于或等于其直径的 20 倍，进出建筑物表面时应做好防水处理。

（3）点发光光纤与发光终端附件的连接

一般采用专用连接套件将点发光光纤与发光终端附件连接在一起。为了确保系统的光亮输出，安装时应保证发光终端附件接口端口干净，点发光光纤切口应平直干净，整个连接过程应有防尘措施。

（4）发光终端附件安装

基本同普通灯具的安装，在此不做赘述。综上所述，光纤照明的优势是显而易见的，但其价格较高。我们相信随着科学技术的发展和光纤照明产品的规模化生产的实现，其造价必将降至可以接受的范围，从而使光纤照明产品在更多领域有着更为广泛的应用，其独特的动态照明效果和物理特性将使建筑照明更加绚丽多彩。

四、实验内容及步骤

（一）光源器认知操作实验

（1）面板操作

① 按下按键的时间大于 1 s 为长按，小于 1 s 为短按。

② 长按的功能：变化模式转换。操作方法如下：按下按键，直到听到蜂鸣器"嘀"一声响，松开按键。光源器将会在跳变、渐变的模式下循环转换。

③ 短按的功能：定色，变色转换。操作方法如下：按下按键，迅速松开按键，蜂鸣器"嘀"一声响。光源器将会在定色、变色模式下循环切换。

（2）遥控器操作

① C 键为渐变功能：按下此键，指示灯亮。光源器"嘀"一声响，进入渐变模式，光源器从红色跳变到白色，循环过度渐变。

② A 键为跳变功能：按下此键，指示灯亮。光源器"嘀"一声响，进跳变模式，光源器从红色跳变到白色，十三色循环跳变。

③ B 键为变色功能：按下此键，指示灯亮。光源器"嘀"一声响，进入变化模式。如果当前为定色模式，光源器将继续执行该变化模式。在变色模式下无其他影响。

④ D 键为定色功能：按下此键，指示灯亮。光源器"嘀"一声响，进入定色模式。如果当前为变色模式，光源器会记录颜色参数。直到取消定色进入变色模式。在定色模式下无其他影响。

（二）光纤端面处理基本操作实验

用美工刀切割适当长度的光纤，注意切割平整，将光纤捆成光源机输出口直径大小的一束，保证端面平整，与光源机耦合。

（三）光纤照明设计实验

根据建筑结构设计光纤照明线路。

五、注意事项

（1）在面板操作过程中，在定色模式下，机器将会记录颜色参数。在下次开机前也不会改变，直到取消定色，转换到变色模式。

（2）在遥控器操作过程中，当发现遥控器指示灯变暗，或遥控距离不够远时，请及时更换遥控器电池。

六、 思考题

（1）将光纤与光源机耦合时，怎样才能使光的耦合效率较高？

实验八　光电耦合器测试及应用实验

一、 实验目的

（1）了解光开关（反射式、对射式）的工作原理及其特性。
（2）了解并掌握使用光开关测量转速的原理及方法。

二、 实验仪器

光电子课程综合实训平台、示波器、迭插头连接线。

三、 实验原理

（一）光电耦合器件的含义

在工业检测、电信号的传送处理和计算机系统中，常用继电器、脉冲变压器和复杂的电路来实现输入、输出端装置与主机之间的隔离、开关、匹配和抗干扰等功能。而继电器动作慢、接触式工作不可靠；变压器体积大，频带窄，所以它们都不是理想的部件。随着光电技术的发展，20 世纪 70 年代以后出现了一种新的功能器件——光电耦合器件。它是将发光器件（LED）和光敏器件（光敏二、三极管等）密封装在一起形成的一个电—光—电器件，如图 6.8.1 所示。

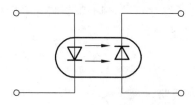

图 6.8.1　光电耦台器件

这种器件在信息的传输过程中是用光作为媒介把输入边和输出边的电信号耦合在一起的，在它的线性工作范围内，这种耦合具有线性变化关系。由于输入边和输出边仅用光来耦合，在电性能上完全是隔离的。因此，光电耦台器件的电隔离性能、线性传输性能等许多特性，都是从"光耦合"这一基本特点中引申出来的。故有人把光电耦合器件也称为光电隔离器或光电耦合器。这些名称的共同点都是为了突出"光耦合"这一基本特征，这也是它区别于其他器件的根本特征。由于这种器件是一个利用光耦合做成的电信号传输器件．所以一般称为光电耦合器件。

（二）光电耦合器件的特点

具有电隔离的功能。它的输入、输出信号间完全没有电路的联系，所以输入和输出回路的电平零位可以任意选择。绝缘电阻高达 $10^{10} \sim 10^{12} \, \Omega$，击穿电压高到 $100 \sim 25 \, kV$，耦合电容小到零点几个皮法。

信号传输是单向性的，不论脉冲、直流都可以使用。适用于模拟信号和数字信号。

具有抗干扰和噪声的能力。它作为继电器和变压器使用时，不受外界电磁干扰、电源干扰和杂光影响。

响应速度快。一般可达微秒数量级，甚至纳秒数量级，它可传输的信号频率在直流和交流 10 MHz 之间。

使用方便，具有一般固体器件的可靠性，体积小，重量轻，抗震，密封防水，性能稳定，耗电省，成本低。工作温度范围在 $-55 \, ℃ \sim +100 \, ℃$。

由于光电耦合器件性能上的优点，使它的发展非常迅速；目前，光电耦台器件在品种上有 8 类 500 多种。它已在自动控制、遥控遥测、航空技术、电子计算机和其他光电、电子技术中得到广泛的应用。

（三）电流传输比：CTR

电流传输比指的是副边电流与原边电流之比。即：原边流过一定电流，副边流过电流的最大值，副边电流在这个原边电流情况下的最大值与原边电流之比就是 CTR。当输出电压保持恒定时，它等于直流输出电流 I_C 与直流输入电流 I_F 的百分比。当接收管的电流放大系数 h_{FE} 为常数时，它等于输出电流 I_C 之比，通常用百分数来表示。有公式：

$$CTR = I_C / I_F \times 100\% \qquad\qquad (6.8.1)$$

采用一只光敏三极管的光耦合器，CTR 的范围大多为 $20\% \sim 30\%$（如 4N35），而 PC817 则为 $80\% \sim 160\%$，达林顿型光耦合器（如 4N30）可达 $100\% \sim 500\%$。这表明欲获得同样的输出电流，后者只需较小的输入电流。因此，CTR 参数与晶体管的 h_{FE} 有某种相似之处。普通光耦合器的 CTR-I_F 特性曲线呈非线性，在 I_F 较小时的非线性失真尤为严重，因此它不适合传输模拟信号。线性光耦合器的 CTR-I_F 特性曲线具有良好的线性度，特别是在传输小信号时，其交流电流传输比（ $\Delta CTR = \Delta I_C / \Delta I_F$ ）很接近于直流电流传输比 CTR 值。因此，它适合传输模拟电压或电流信号，能使输出与输入之间呈线性关系。这是其重要特性。

四、实验内容及步骤

（一）对射式光电开关伏安特性实验

（1）按照图 6.8.2 连接电路，将红外发光二极管连接到正向伏安特性测量电路中。

（2）E 选择 $0 \sim 15 \, V$ 直流电压并调至最小，R_L 取 $1 \, k\Omega$。

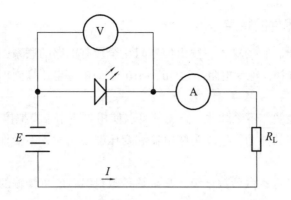

图 6.8.2　对射式光电开关伏安特性测试电路图

（3）打开实验平台电源，电压从最小开始调节，观察正向电流，当开始有正向电流时（一般在 0.6 V 左右）微调节电压。分别测得当电流表读数如表 6.8.1 所示电流时二级管两端电压并填入表中。

表 6.8.1　对射式光电开关伏安特性测试数据列表

电流/mA	0	2	4	6	8	10	12	14	16	18	20
电压/mV											

（4）关闭实验平台电源，直流电源调至最小，拆除所有连线。

（5）根据表中所测得的数据，在图 6.8.3 坐标系中画出对射式光电开关 U-I 曲线，并进行比较分析。

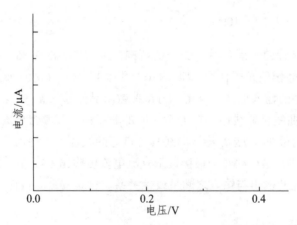

图 6.8.3　对射式光电开关 U-I 曲线

（6）按照图 6.8.4 连接电路，将光电三极管连接到正向伏安特性测量电路中。

（7）E 选择 0～15 V 直流电压并调至最小，R_L 取 2 kΩ。

（8）打开实验平台电源，电压从最小开始调节，观察正向电流，微调节电压。分别测得当电压表读数如表 6.8.1 所示电压时的光电流并填入表 6.8.2 中。

（9）关闭实验平台电源，直流电源调至最小，拆除所有连线。

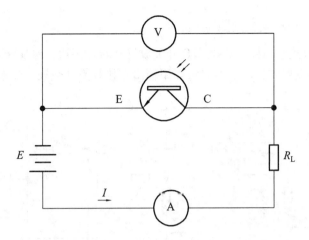

图 6.8.4 对射式光电开关伏安特性测试电路图

表 6.8.2 对射式光电开关伏安特性测试数据列表

电压/V	0	1	2	3	4	5	6	7	8	9
电流/A										

（10）根据表中所测得的数据，在图 6.8.3 坐标系中画出对射式光电开关 U-I 曲线，并进行比较分析。

（二）对射式光开关电流传输比实验

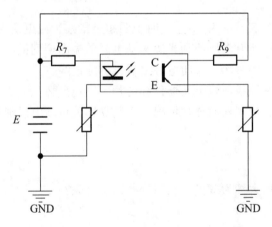

图 6.8.5 对射式光开关电流传输比实验图

（1）按照图 6.8.5 连接电路（图中的两个电位器选用"面阵 CCD 及 CPLD 应用开发模块"上的 W1 和 W2）。

（2）打开实验平台电源，用电流表测 LED 输入电流 I_F（电流表串联在 R_7 与 P 极之间）；测光敏三极管 C 极电流 I_C（电压表并联在 R_9 上，通过欧姆定律算出流过三极管的电流）。

（3）按照公式 $CTR = I_C / I_F \times 100\%$，求出电流传输比。

（4）关闭实验平台电源，拆除所有连线。

（三）对射式光开关转速测量实验

（1）按照图 6.8.6 连接电路，光电耦合开关放置在转盘旁边，保证转盘转动时转盘上的孔可以通过耦合开关的发射和接收光路，将频率输出端接频率计数表。频率计切换到频率测量。

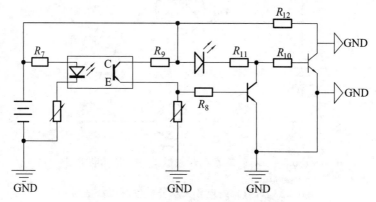

图 6.8.6　对射式光开关转速测量实验图

（2）打开实验平台电源，调节转速，观察转速测量值的变化。转速单位为 r/min。
（3）关闭实验平台电源，拆除所有连线。

五、注意事项

（1）实验之前，请仔细阅读光电综合实训平台说明，弄清实训平台各部分的功能及按键开关的用处。
（2）当电压表和电流表显示为"1 _"时说明超过量程，应更换为合适量程。
（3）实验结束前，将所有电压源和光源驱动电源的输出调到最小。
（4）连线之前保证电源关闭，关闭电源之后再拆除连线。
（5）不得随意摇动和插拔面板上元器件和芯片，以免损坏，造成实验仪不能正常工作。
（6）在使用过程中，出现任何异常情况，必须立即关机断电以确保安全。

六、思考题

（1）电流传输比的值大约为多少，它与哪些因素有关？

实验九　光伏发电系统实验

一、实验目的

（1）了解并掌握光伏发电系统的原理。
（2）了解并掌握光伏发电系统的组成，学习太阳能发电系统的装配。
（3）了解并掌握太阳能发电系统的工程应用方法。

二、实验仪器

太阳能电池板、光源、光照度计、蓄电池、逆变器、负载模块、万用表、太阳能控制器。

三、实验原理

（一）太阳能电池的结构

以晶体硅太阳能电池为例，其结构示意图如图 6.9.1 所示。晶体硅太阳能电池以硅半导体材料制成大面积 PN 结进行工作。一般采用 N⁺/P 同质结的结构，即在约 10 cm×10 cm 面积的 P 型硅片（厚度约 500 μm）上用扩散法制作出一层很薄（厚度约 0.3 μm）的经过重掺杂的 N 型层。然后在 N 型层上面制作金属栅线，作为正面接触电极。在整个背面也制作金属膜，作为背面欧姆接触电极，这样就成了晶体硅太阳能电池。为了减少光的反射损失，一般在整个表面上再覆盖一层减反射膜。

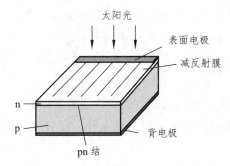

图 6.9.1　晶体硅太阳能电池的结构示意图

（二）光伏效应

当光照射在距太阳能电池表面很近的 PN 结时，只要入射光子的能量大于半导体材料的禁带宽度 Eg，则在 P 区、N 区和结区光子被吸收会产生电子-空穴对。那些在结附近 N 区中产生的少数载流子由于存在浓度梯度而要扩散。只要少数载流子离 PN 结的距离小于它的扩散长度，总有一定几率扩散到结界面处。在 P 区与 N 区交界面的两侧即结区，存在一空间电荷区，也称为耗尽区。在耗尽区中，正负电荷间成一电场，电场方向由 N 区指向 P 区，这个电场称为内建电场。这些扩散到结界面处的少数载流子（空穴）在内建电场的作用下被拉向 P 区。同样，如果在结附近 P 区中产生的少数载流子（电子）扩散到结界面处，也会被内建电场迅速被拉向 N 区。结区内产生的电子空穴对在内建电场的作用下分别移向 N 区和 P 区。如果外电路处于开路状态，那么这些光生电子和空穴积累在 PN 结附近，使 P 区获得附加正电荷，N 区获得附加负电荷，这样在 PN 结上产生一个光生电动势。这一现象称为光伏效应（Photovoltaic Effect，缩写为 PV）。

（三）太阳能电池的表征参数

太阳能电池的工作原理是基于光伏效应。当光照射太阳能电池时，将产生一个由 N 区到 P 区的光生电流 I_{ph}。同时，由于 PN 结二极管的特性，存在正向二极管电流 I_D，此电流方向

从 P 区到 N 区，与光生电流相反。因此，实际获得的电流 I 为

$$I = I_{ph} - I_D = I_{ph} - I_0\left[\exp\left(\frac{qV_D}{nk_BT}\right) - 1\right]$$ （6.9.1）

式中 V_D 为结电压，I_0 为二极管的反向饱和电流，I_{ph} 为与入射光的强度成正比的光生电流，其比例系数是由太阳能电池的结构和材料的特性决定。n 称为理想系数（n 值），是表示 PN 结特性的参数，通常为 1 ~ 2。q 为电子电荷，k_B 为波尔茨曼常数，T 为温度。

如果忽略太阳能电池的串联电阻 R，V 即为太阳能电池的端电压 V，则（6.9.1）式可写为

$$I = I_{ph} - I_0\left[\exp\left(\frac{qV_D}{nk_BT}\right) - 1\right]$$ （6.9.2）

当太阳电池的输出端短路时，$V = 0$（V≈0），由（6.9.2）式可得到短路电流

$$I_{sc} = I_{ph}$$ （6.9.3）

即太阳电池的短路电流等于光生电流，与入射光的强度成正比。当太阳能电池的输出端开路时，$I = 0$，由（6.9.2）和（6.9.3）式可得到开路电压

$$V_{OC} = \frac{nk_BT}{q}\ln\left(\frac{I_{SC}}{I_0} + 1\right)$$ （6.9.4）

当太阳电池接上负载 R 时，所得的负载伏安特性曲线如图 6.9.2 所示。负载 R 可以从零到无穷大。当负载 R_m 使太阳电池的功率输出为最大时，它对应的最大功率 P_m 为

$$P_m = I_m V_m$$ （6.9.5）

式中 I_m 和 V_m 分别为最佳工作电流和最佳工作电压。将 V_{oc} 与 I_{sc} 的乘积与最大功率 P_m 之比定义为填充因子 FF，则

$$FF = \frac{p_m}{V_{oc}I_{sc}} = \frac{V_m I_m}{V_{oc}I_{oc}}$$ （6.9.6）

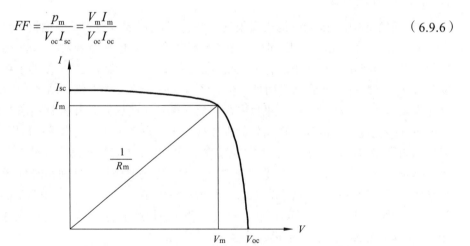

图 6.9.2　太阳能电池的伏安特性曲线

FF 为太阳电池的重要表征参数，FF 愈大则输出的功率愈高。FF 取决于入射光强、材料的禁带宽度、理想系数、串联电阻和并联电阻等。

太阳能电池的转换效率 η 定义为太阳能电池的最大输出功率与照射到太阳能电池的总辐

射能 P_{in} 之比，即

$$\eta = \frac{P_m}{p_{in}} \times 100\% \qquad (6.9.7)$$

（四）太阳电池的等效电路

太阳电池可用 PN 结二极管 D、恒流源 I_{ph}、太阳能阳电池的电极等引起的串联电阻 R_s 和相当于 PN 结泄漏电流的并联电阻 R_{sh} 组成的电路来表示，如图 6.9.3 所示，该电路为太阳能电池的等效电路。由等效电路图可以得出太阳能电池两端的电流和电压的关系为

$$I = I_{ph} - I_0 \left[\exp\left\{ \frac{q(V + R_s I)}{n k_B T} \right\} - 1 \right] - \frac{V + R_s I}{R_{sh}} \qquad (6.9.8)$$

为了使太阳能电池输出更大的功率，必须尽量减小串联电阻 R_s，增大并联电阻 R_{sh}。

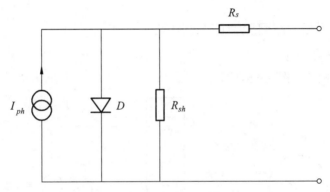

图 6.9.3　太阳能电池的等效电路图

（五）光伏发电系统组成

太阳能发电系统（图 6.9.4）由太阳能电池组、太阳能控制器、蓄电池（组）组成。如输出电源为交流 220 V 或 110 V，还需要配置逆变器。

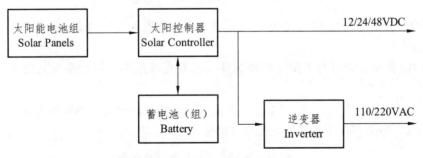

图 6.9.4　太阳能发电系统图

各部分的作用为：

（1）太阳能电池板：太阳能电池板是太阳能发电系统中的核心部分，也是太阳能发电系统中价值最高的部分。其作用是将太阳的辐射能力转换为电能，或送往蓄电池中存储起来，或推动负载工作。太阳能电池板的质量和成本将直接决定整个系统的质量和成本。

（2）太阳能控制器：太阳能控制器的作用是控制整个系统的工作状态，并对蓄电池起到过充电保护、过放电保护的作用。在温差较大的地方，合格的控制器还应具备温度补偿的功能。其他附加功能如光控开关、时控开关都应当是控制器的可选项。

（3）蓄电池：一般为铅酸电池，小微型系统中，也可用镍氢电池、镍镉电池或锂电池。其作用是在有光照时将太阳能电池板所发出的电能储存起来，到需要的时候再释放出来。

（4）逆变器：在很多场合，都需要提供 AC220 V、AC110 V 交流电源。由于太阳能控制器的直接输出一般都是 DC12 V、DC24 V、DC48 V，因此需要使用逆变器将控制器输出的直流电压转换为 220 V 的电压。本实验仪器使用的逆变器输入电压为 12 V，功率为 150 W。

注意：由于本实训系统需要在日光下操作，考虑到实验方便性，特使用光源替代日光，但是在光源照射条件下，太阳能电池的输出达不到最佳状态，只作为实验参考。

四、实验内容及步骤

（一）开路电压和短路电流特性测试实验

（1）短路电流特性测试

实验装置原理框图如图 6.9.5 所示。

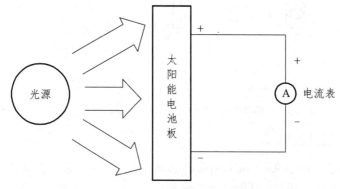

图 6.9.5　短路电流测试电路图

① 按照图 6.9.5 所示，将电流表 A 直接接在太阳能电池组件的正负极，红表笔接正极，黑表笔接负极。

② 光源的发光方向对着太阳能电池组件，打开光源电源，等光源发光亮度稳定后开始测量。

③ 用照度计测量照射在太阳能电池组件表面的光照度。改变光源和太阳能电池组件之间的距离，测量不同光照度下太阳能电池组件的输出电流，填入表 6.9.1。

表 6.9.1　短路电流特性测试数据表

光照度/lx						
光生电流/A						

（2）开路电压特性测试

实验装置原理框图如图 6.9.6 所示。

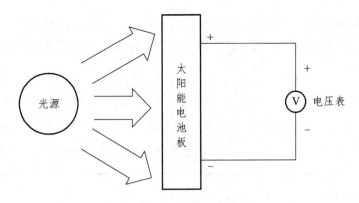

图 6.9.6　开路电压测试原理图

①按照图 6.9.6 所示，将电压表 V 直接接在太阳能电池组件的正负极，红表笔接正极，黑表笔接负极。

②光源的发光方向对着太阳能电池组件，打开光源电源，等光源发光亮度稳定后开始测量。

③用照度计测量照射在太阳能电池组件表面的光照度。改变光源和太阳能电池组件之间的距离，测量不同光照度下太阳能电池组件的输出电压，填入表 6.9.2。

表 6.9.2　开路电压特性测试数据表

光照度/lx							
光生电压/V							

（二）负载伏安特性测试实验

实验装置原理框图如图 6.9.7 所示。

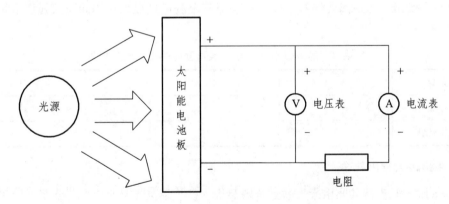

图 6.9.7　负载伏安特性测试原理图

（1）按照图 6.9.7 所示设计测量电路图，并连接。

（2）光源的发光方向对着太阳能电池组件，打开光源电源，等光源发光亮度稳定后开始测量。

（3）将太阳能光伏组件、电压表、电流表、负载电阻按照图 6.9.7 连接成回路，改变电阻阻值，测量流经电阻的电流 I 和电阻上的电压 V，即可得到该光伏组件的伏安特性曲线。测量过程中辐射光源与光伏组件的距离要保持不变，以保证整个测量过程是在相同光照强度下进行的。填写表 6.9.3。

表 6.9.3　伏安特性测试数据表

电阻/Ω						
光生电压/V						
光生电流/A						

绘制伏安特性曲线。

根据测量结果求短路电流 I_{sc} 和开路电压 U_{oc}。

改变光源和太阳能电池组件之间的距离，分别测量几组（具体组数可随意）不同光照下的光伏组件的伏-安特性曲线，绘制不同光照下 U-I 安特性曲线。

（三）最大功率点跟踪实验测试

（1）根据实验 2 所测得的数据，绘制负载—功率曲线。

（2）求太阳能电池的最大输出功率及最大输出功率时负载电阻。

（3）计算填充因子 $FF = P_{max} / I_{sc} U_{oc}$。

（四）最大输出功率与光照强度的关系测试

（1）按照图 6.9.7 所示设计测量电路图，并连接。

光源的发光方向对着太阳能电池组件，打开光源电源，等光源发光亮度稳定后开始测量。

将太阳能光伏组件、电压表、电流表、负载电阻按照图 6.9.7 连接成回路，改变电阻阻值，测量流经电阻的电流 I 和电阻上的电压 V，即可得到该光伏组件的伏安特性曲线。测量过程中辐射光源与光伏组件的距离要保持不变，以保证整个测量过程是在相同光照强度下进行的。填写表 6.9.4。

表 6.9.4　最大输出功率与光照强度的关系测试数据表

电阻/Ω						
光生电压/V						
光生电流/A						

（2）求出最大输出功率。

（3）改变光源与太阳能电池组件之间的距离，测量太阳能电池在不同光照下的最大输出功率。

（4）绘制最大输出功率与光照强度的关系曲线。

（五）控制器原理实验

太阳能控制器是整个太阳能发电系统的控制中心，其作用是控制太阳能发电系统的工作状态，能够根据太阳能电池板的输出功率和蓄电池的特性，对蓄电池进行充放电控制，并保护蓄电池不受过充电和过放电的损害。同时输出功率给负载进行供电。

控制器使用方法参考控制器使用说明书，如下：

（1）主要特点

① 使用了单片机和专用软件，实现了智能控制。

② 利用蓄电池放电率特性修正的准确放电控制。放电终了电压是由放电率曲线修正的控制点，消除了单纯的电压控制过放的不准确性，符合蓄电池固有的特性，即不同的放电率具有不同的终了电压。

③ 具有过充、过放、电子短路、过载保护、独特的防反接保护等全自动控制；以上保护均不损坏任何部件，不烧保险。

④ 采用了串联式 PWM 充电主电路，使充电回路的电压损失较使用二极管的充电电路降低近一半，充电效率较非 PWM 高 3%～6%，增加了用电时间；过放恢复的提升充电，正常的直充、浮充自动控制方式使系统有更长的使用寿命；同时具有高精度温度补偿。

⑤ 直观的 LED 发光管指示当前蓄电池状态，让用户了解使用状况。

⑥ 所有控制全部采用工业级芯片（仅对带 I 工业级控制器），能在寒冷、高温、潮湿环境运行自如。同时使用了晶振定时控制，定时控制精确。

⑦ 取消了电位器调整控制设定点，而利用了 E 方存储器记录各工作控制点，使设置数字化，消除了因电位器震动偏位、温漂等使控制点出现误差降低准确性、可靠性的因素。

⑧ 使用了数字 LED 显示及设置，一键式操作即可完成所有设置，使用极其方便直观。

（2）技术指标

其技术指标如表 6.9.5 所示。

表 6.9.5　控制器技术指标

额定充电电流	10 A
额定负载电流	10 A
系统电压	12 V/24 V 自动识别
过载、短路保护	大于 1.25 倍额定电流 60 s 或大于 1.5 倍额定电流 5 s 时过载保护动作；大于 23 倍额定电流短路保护动作，反应时间小于 20 μS
空载损耗	≤5 mA
充电回路压降	不大于 0.26 V
放电回路压降	不大于 0.15 V
超压保护	17 V；×2/24 V
工作温度	工业级：−35～+55 ℃（后缀 I）
提升充电电压	14.6 V；×2/24 V（维持时间：10 min，只当出现过放时调用）
直充充电电压	14.4 V；×2/24 V（维持时间：10 min）
浮充	13.6 V；×2/24 V；（维持时间：直至充电返回电压动作）
充电返回电压	13.2 V；×2/24 V；
温度补偿	−5 mV/℃/2V（提升、直充、浮充、充电返回电压补偿）
欠压电压	11.2 V；×2/24 V

过放电压	11.1 V[−放电率补偿修正的初始过放电压（空载电压）]；×2/24 V
过放返回电压	12.6 V；×2/24 V
过放可强制返回电压	11.8 V；×2/24 V（按键强制返回）
控制方式	充电为 PWM 脉宽调制，控制点电压为不同放电率智能补偿修正

（3）系统说明

本控制器专为太阳能直流供电系统、太阳能直流路灯系统设计，并使用了专用电脑芯片的智能化控制器。采用一键式轻触开关，完成所有操作及设置。具有短路、过载、独特的防反接保护，充满、过放自动关断、恢复等全功能保护措施，详细的充电指示、蓄电池状态、负载及各种故障指示。本控制器通过电脑芯片对蓄电池的端电压、放电电流、环境温度等涉及蓄电池容量的参数进行采样，通过专用控制模型计算，实现符合蓄电池特性的放电率、温度补偿修正的高效、高准确率控制，并采了用高效 PWM 蓄电池的充电模式，保证蓄电池工作在最佳的状态，大大延长蓄电池的使用寿命。具有多种工作模式、输出模式选择，满足用户各种需要。控制器系统说明图如图 6.9.8 所示。

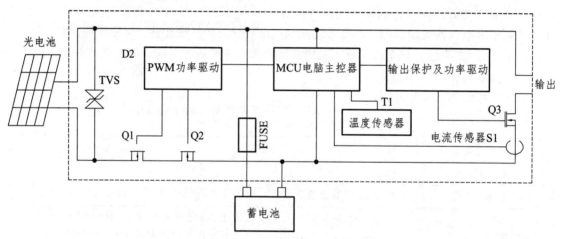

图 6.9.8　控制器系统说明图

（4）安装及使用

① 导线的准备：建议使用多股铜芯绝缘导线。先确定导线长度，在保证安装位置的情况下，尽可能减少连线长度，以减少电损耗。按照不大于 4 A/mm^2 的电流密度选择铜导线截面积，将控制器一侧的接线头剥去 5 mm 的绝缘。

② 先连接控制器上蓄电池的接线端子，再将另外的端头连至蓄电池上，注意正负极，不要反接。如果连接正确，指示灯（2）应亮，可按按键来检查。否则，需检查连接对否。如发生反接，不会烧保险及损坏控制器任何部件。保险丝只作为控制器本身内部电路损坏短路的最终保护。

③ 连接光电池导线，先连接控制器上光电池的接线端子，再将另外的端头连至光电池上，注意正负极，不要反接，如果有阳光，充电指示灯应亮。否则，需检查连接对否。

④ 负载连接，将负载的连线接入控制器上的负载输出端，注意正负极，不要反接，以免

烧坏用电器。

（5）指示灯状态含义

①太阳能电池板指示：红色是光电池指示灯 SUN，常亮时表示工作正常，光电池有充足的电力输出，闪动表示电力输出不足，不亮表示无电力输出。从这个指示灯您就可以直接判断光电池的匹配以及故障等。

②蓄电池状态及充电指示红绿色蓄电池指示灯 BAT，绿色闪亮表示正在充电，绿色常亮表示已经充饱，红色常亮表示电量中等，红色间歇闪亮或不亮表示电池严重缺电或损坏。

③负载指示：绿色负荷指示灯 LOAD，常亮表示有输出，负载可以工作；不亮表示没有输出，负载不能工作；闪亮表示过载或短路，请降低鱼载功率或检查线路，断开有故障的负载后，30 s 后控制器自动恢复正常工作。

④设置方法：按下开关设置按钮持续 3 s 以上，松开按钮，模式（MODE）显示数字，进入设置状态，每按一次转换一个数字，直到 LED 显示的数字对上用户从表中所选用的模式对应的数字即停止按键，然后再次按下按键持续 3 s 以上，即完成设置。

（6）工作模式设置表（表 6.9.6）

表 6.9.6　工作模式设置表

LED 显示	工作模式	LED 显示	工作模式
0	纯充电	10	光控开 + 延时 10 h 关
1	光控开 + 延时 1 h 关	11	光控开 + 延时 11 h 关
2	光控开 + 延时 2 h 关	12	光控开 + 延时 12 h 关
3	光控开 + 延时 3 h 关	13	光控开 + 延时 13 h 关
4	光控开 + 延时 4 h 关	L	纯光控
5	光控开 + 延时 5 h 关	C	系统模式
6	光控开 + 延时 6 h 关	H	手动模式
7	光控开 + 延时 7 h 关	D	调试模式
8	光控开 + 延时 8 h 关		
9	光控开 + 延时 9 h 关		

（7）输出模式说明

①纯充电（0）：当没有阳光时，光强降到启动点，控制器延时 10 min 确认启动信号后，开通负载，负载开始工作；当有阳光时，光强升到启动点，控制器延时 10 min 确认关闭输出信号后关闭输出，负载停止工作。

②光控+延时方式（1-13）：启动过程同前。当负载工作到设定的时间就关闭负载，时间设定见上表。

③通用手动控制器方式（H）：此方式仅取消光控、时控功能、输出延时以及相关的功能，保留其他所有功能，作为一般的通用控制器使用（即通过按键控制负载的输出或关闭）。

④调试方式（D）：用于系统调试使用，与纯光控模式相同，只取消了判断光信号控制输出的 10 min 延时，保留其他所有功能。无光信号即接通负载，有光信号即关断负载，方便安装调试时检查系统安装的正确性。

⑤ 输出模式说明：当停止 LED 显示时，所设置的模式自动存入 MCU 的内部 E 方 ROM，断电也不会丢失。

（8）常见故障现象及处理方法

在出现下列现象时，请按照表 6.9.7 所述方法进行检查。

表 6.9.7　常见故障现象及处理方法

现　象	解决方法
当有阳光直射光电池组件时，红色光电池指示灯不亮	请检查光电池电源两端接线是否正确，接触是否可靠，光电池本身是否有故障
蓄电池状态指示灯为红色间隔闪烁且无输出	蓄电池过放，充足电后自动回复使用
负载指示灯亮，但无输出	请检查用电器具是否连接正确、可靠
负载指示灯（3）快闪而且无输出	输出有短路，请检查输出线路，移除所有负载后，按一下开关按钮，30 s 后控制器恢复正常输出； 负载功率超过额定功率，请减少用电设备，按一下按钮，30 s 后控制器恢复输出

（六）蓄电池充放电控制实验

（1）按照图 6.9.9 所示电路组建系统。将蓄电池输出的红色和黑色香蕉插座使用连接线对应接到 MPPT 控制器的蓄电池输入端，红色对应接红色，黑色对应接黑色。

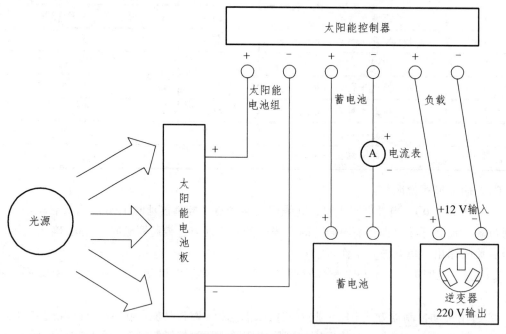

图 6.9.9　蓄电池充放电控制原理图

（2）万用表串接在蓄电池和控制器间。

（3）改变光照度和光入射角度，观察充电电流变化。

（4）电池充满后观察充电电流大小。

（5）用电压表测量控制器负载输出端电压值。

（6）将控制器负载端直接接 12 V 负载，观察放电电流变化。

（七）蓄电池保护实验

（1）按照图 6.9.9 所示电路组建系统。将蓄电池输出的红色和黑色香蕉插座使用连接线对应接到 MPPT 控制器的蓄电池输入端，红色对应接红色，黑色对应接黑色。

（2）万用表串接在蓄电池和控制器间。

（3）改变光照度和光入射角度，观察充电电流变化。当蓄电池充满时观察充电电流变化，分析变化原因。

（4）电池充满后接入负载，观察放电电流变化。蓄电池电量放完时观察放电电流变化，分析变化原因。

（八）光伏阵列设计实验（选做实验，需要配置两块太阳能电池板）

（1）按照图 6.9.9 所示电路组建系统。将蓄电池输出的红色和黑色香蕉插座使用连接线对应接到 MPPT 控制器的蓄电池输入端，红色对应接红色，黑色对应接黑色。

（2）万用表串接在蓄电池和控制器间。

（3）增加一块太阳能电池板，新增加的太阳能电池板与电路中的电池板并联接入。观察充电电流变化和放电电流变化情况。

（九）太阳能照明系统设计实验

（1）按照图 6.9.9 所示电路组建路灯照明控制系统。将蓄电池输出的红色和黑色香蕉插座使用连接线对应接到 MPPT 控制器的蓄电池输入端，红色对应接红色，黑色对应接黑色。将控制器负载端直接接 12 V 光源负载。

（2）根据控制器使用方法设置负载输出模式并观察路灯照明控制过程。

（十）太阳能系统电器负载实验

（1）按照图 6.9.9 所示电路组建路灯照明控制系统。将蓄电池输出的红色和黑色香蕉插座使用连接线对应接到 MPPT 控制器的蓄电池输入端，红色对应接红色，黑色对应接黑色。将控制器负载端按照正负接到逆变器输入端（红色插座对红色插座，黑色插座对黑色插座）。

（2）用万用表测量逆变器输出电压。

（3）接入 220 V 负载，看能否正常工作。注意逆变器最大输出功率为 200 W，不要使用大于 200 W 的用电设备。

（十一）太阳能电池对锂电池充电实验

本实验原理的核心是太阳能充电控制芯片 CN3083，该芯片基本电路原理图如图 6.9.10 所示。

CN3083 是可以用太阳能板供电的单节锂电池充电管理芯片。该器件内部包括功率晶体管，应用时不需要外部的电流检测电阻和阻流二极管。内部的 8 位模拟-数字转换电路，能够根据输入电压源的电流输出能力自动调整充电电流，用户不需要考虑最坏情况，可最大限度地利用输入电压源的电流输出能力，非常适合利用太阳能板等电流输出能力有限的电压源供电的锂电池充电应用。CN3083 只需要极少的外围元器件，并且符合 USB 总线技术规范，非常适合于便携式应用的领域。热调制电路可以在器件的功耗比较大或者环境温度比较高的时候将芯片温度控制在安全范围内。内部固定的恒压充电电压为 4.2 V，也可以通过一个外部的电阻调节。充电电流通过一个外部电阻设置。当输入电压掉电时，CN3083 自动进入低功耗的睡眠模式，此时电池的电流消耗小于 3 μA。其他功能包括输入电压过低锁存，自动再充电，电池温度监控以及充电状态/充电结束状态指示等功能。充电状态和充电结束状态双指示输出，电源电压掉电时自动进入低功耗的睡眠模式，采用恒流/恒压/恒温模式充电，既可以使充电电流最大化，又可以防止芯片过热，电池温度监测功能，自动再充电，充电结束检测。

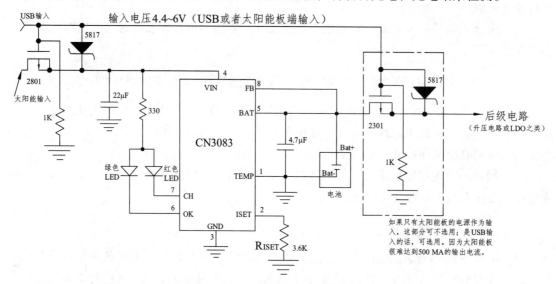

图 6.9.10 芯片 CN3083 电路原理图

（十二）DC/DC 变换实验

DC/DC 变换就是将一个量级的直流电压转换为另一个量级的直流电压：包括升压、降压和电压极性变换等。本实验 DC/DC 变换的核心器件为 MC34063。

该器件本身包含了 DC/DC 变换器所需要的主要功能。它由具有温度自动补偿功能的基准电压发生器、比较器、占空比可控的振荡器，R—S 触发器和大电流输出开关电路等组成。该器件可用于升压变换器、降压变换器、反向器的控制核心，由它构成的 DC/DC 变换器仅用少量的外部元器件。主要应用于以微处理器（MPU）或单片机（MCU）为基础的系统里。

MC34063 集成电路主要特性：

① 输入电压范围：2.5 ~ 40 V；

② 输出电压可调范围：1.25 ~ 40 V；

③ 输出电流可达：1.5 A；

④ 工作频率：最高可达 100 kHz；

⑤ 低静态电流；

⑥ 短路电流限制；

⑦ 可实现升压或降压电源变换器；

MC34063 的基本结构及引脚图功能如图 6.9.11 所示。

① 1 脚：开关管 T1 集电极引出端；

② 2 脚：开关管 T1 发射极引出端；

③ 3 脚：定时电容 ct 接线端；调节 ct 可使工作频率在 100 ~ 100 kHz 范围内变化；

④ 4 脚：电源地；

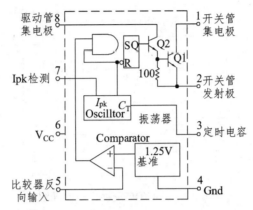

图 6.9.11　MC34063 的基本结构及引脚图功能

⑤ 5 脚：电压比较器反相输入端，同时也是输出电压取样端；使用时应外接两个精度不低于 1% 的精密电阻；

⑥ 6 脚：电源端；

⑦ 7 脚：负载峰值电流（Ipk）取样端；6，7 脚之间电压超过 300 mV 时，芯片将启动内部过流保护功能；

⑧ 8 脚：驱动管 T2 集电极引出端。

本实验完成由 MC34063 组成的升压电路，工作原理如图 6.9.12 所示。

工作过程：

当芯片内开关管（T1）导通时，电源经取样电阻 R_{sc}、电感 L_1、MC34063 的 1 脚和 2 脚接地，此时电感 L_1 开始存储能量，而由 C_0 对负载提供能量。当 T_1 断开时，电源和电感同时给负载和电容 C_0 提供能量。电感在释放能量期间，由于其两端的电动势极性与电源极性相同，相当于两个电源串联，因而负载上得到的电压高于电源电压。开关管导通与关断的频率称为芯片的工作频率。只要此频率相对负载的时间常数足够高，负载上便可获得连续的直流电压。

（1）锂电池正极接金色插座"J5"负极接"J6"，金色插座"J4"和"J5"用导线端接或串接电流表（用来测量充电电流），从其他模块引入+5 V 接入实验模块的"J1"（正）和"J3"（负），观察充电电流和充电指示灯指示状况。

（2）锂电池正极接金色插座"J5"负极接"J6"，金色插座"J4"和"J5"用导线端接或串接电流表（用来测量充电电流），太阳能电池，接入实验模块的"J1"（正）和"J3"（负），观察充电电流和充电指示灯指示状况。太阳照射太阳能电池或用随机配备的 50 W 射灯照射太阳能电池，观察充电电流和充电指示灯指示状况。

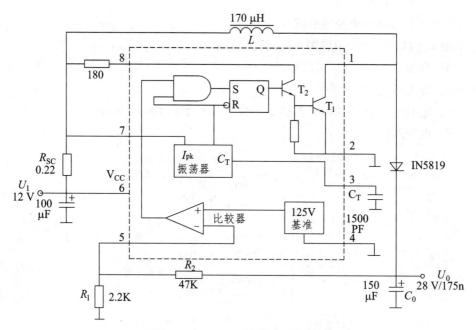

图 6.9.12　DC/DC 变换实验原理图

（3）充电模块金色插孔"OUT+"和"OUT-"接入 DC-DC 变换模块的金色插孔"DCIN+"和"DCIN-"，用万用表测量 DC-DC 变换模块的输出电压，对比输入输出电压。

（十三）设计性实验

（1）太阳能电池充电器原理图如图 6.9.13 所示。

CON1 为外接+5 V 输入端，J2 为太阳能电池正输入端，J3、J8 为接地端，J4、J5 间串联电流表用来测量充电电流，J4、J6 间接锂电池，J7、J8 为输出端，可以为其他用电设备供电。

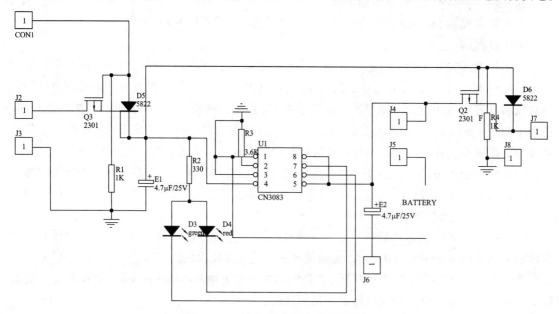

图 6.9.13　太阳能电池充电器原理图

（2）DC/DC 变换原理图如 6.9.14 所示，也可以自己查找 MC34063 资料进行学习，自行设计降压和反向转换电路并实现。

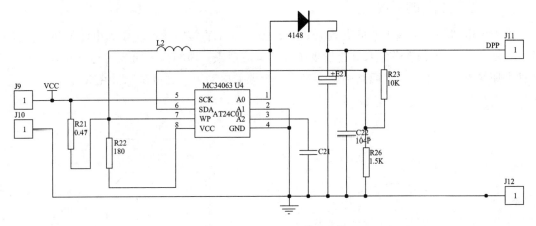

图 6.9.14　DC/DC 变换原理图

五、注意事项

（1）太阳池空载时电压较高，最好不要同时接触其正负极，以免触电，在接线时应把光伏组件用不透明物体遮光，这样就不会产生电压和电流，从而可以安全操作。

（2）不要将蓄电池错接到控制器的太阳能电池端子上。

（3）连接顺序：蓄电池-负载-太阳能电池。

六、思考题

（1）自行设计降压电路。

实验十　温差效应发电实验

一、实验目的

（1）了解温差效应的基本原理和半导体制冷技术。

（2）掌握制冷片物性的测量方法。

（3）应用上述效应和技术进行应用设计。

二、实验仪器

散热片、温控仪、半导体制冷片、温差发电片、万用表、PT100。

三、实验原理

（一）温差发电的原理

温差发电器是一种基于塞贝克效应如图 6.10.1（a），直接将热能转化为电能的热电转换器件。1982 年，德国物理学家塞贝克发现了温差电流现象，即两种不同金属构成的回路中，若两种金属结点温度不同，该回路中就会产生一个温差电动势。这就是塞贝克效应。

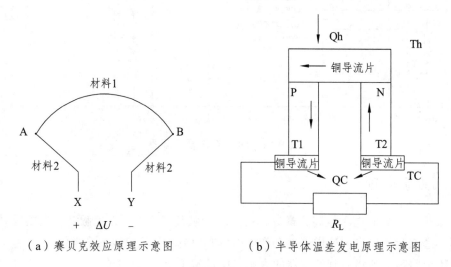

（a）赛贝克效应原理示意图　　　　（b）半导体温差发电原理示意图

图 6.10.1　实验原理图

半导体温差发电片的原理如图 6.10.1（b），有两种不同材料构成的电路，若 AB 两个连接点之间存在温差 ΔT ，则在 XY 之间产生赛贝克电动势 ΔU ， ΔU 的大小与连接点的温差成正比，比例常数为赛贝克系数 α，也叫温差电动势率。其值为：

$$\alpha \approx \mathrm{d}U / \mathrm{d}T \tag{6.10.1}$$

单位为 V/K，但通常这个数值比较小，所以更常用的单位是 μV/K。

由珀尔帖和汤姆逊效应可以知道，在等温条件下，当电流通过两种不同导体构成的回路时，在一个接头处吸热，在另一接头处放热。如果将电流反向，则两个接头的吸放热现象也随之相反。如果在导体各处的温度不同，则当电流沿某方向通过时，在导体中有焦耳热和传导热，焦耳热的一半传到冷端，另一半传到热端，传导热从热端传导冷端。利用冷热端的能量差，实现能量的转换。

根据 6.10.1（b）半导体温差发电原理示意图，该装置利用温差直接产生电能。在 P 型（N型）半导体中，由于热激发的作用较强，高温端的电子浓度比低温端大，在这种浓度梯度的驱动下，电子由于热扩散作用，会从高温端向低温端扩散，从而形成一种电势差，这就产生了赛贝克效应。

一对由 P 型和 N 型半导体材料组成的电偶对是最基本的发电单元，如果把若干个这样的电偶对串联起来，就组成了半导体热电堆，即温差发电模块。

温差发电过程中的主要性能参数：

由图 6.10.1（b）可知，回路中的赛贝克电动势为

$$U = \alpha(T_h - T_c) \qquad (6.10.2)$$

此电动势分别加到发电器内阻 r 和负载电阻 R 上，后一部分的电压即为实际输出电压 U_o，回路中 $U_o I_o$ 和输出功率 P_o 可以表示为

$$P_o = U_o I_o = \alpha^2 (T_h - T_c)^2 \frac{R}{(R+r)^2} \qquad (6.10.3)$$

则当 $m = R/r = 1$ 时，即所谓的负载电阻与热电器件的内阻相匹配时，有最大输出功率 P_{max}

$$P_{max} = \alpha^2 (T_h - T_c)^2 \frac{1}{4r} = \frac{\alpha^2 \Delta T^2}{4r} \qquad (6.10.4)$$

（二）半导体制冷原理

半导体制冷片的工作运转是用直流电流，它既可制冷又可加热，通过改变直流电流的极性来决定在同一制冷片上实现制冷或加热，这个效果的产生就是通过热电的原理，一个单片的制冷片由两片陶瓷片组成，其中间有 N 型和 P 型的半导体材料（碲化铋），这个半导体元件在电路上是用串联形式连结组成。

半导体制冷片的工作原理是：当一块 N 型半导体材料和一块 P 型半导体材料联结成电偶对时，在这个电路中接通直流电流后，就能产生能量的转移，电流由 N 型元件流向 P 型元件的接头吸收热量，成为冷端由 P 型元件流向 N 型元件的接头释放热量，成为热端。吸热和放热的大小是通过电流的大小以及半导体材料 N、P 的元件对数来决定。

四、实验内容及步骤

（一）温差发电片的基本性能测量

在保持冷端和热端温度不变的条件下，改变负载电阻阻值，测量温差发电模块的负载特性。

（1）测量在不同负载电阻下 I、U 的值，并计算输出功率 P，画出 P-R 曲线。

（2）求温差发电模块的最大输出功率计最大输出功率时负载电阻。

（二）温差发电片冷、热端温度与开路电压、短路电流的关系

对热端加热，利用电压表和电流表测量开路电压 U_{OC} 和短路电流 I_{SC}。读取温度示数，画出 U_{OC}-ΔT，I_{SC}-ΔT 曲线，并利用公式 6.10.1 计算塞贝克系数 α。

五、注意事项

不得扳动面板上面元器件，以免造成电路损坏，导致实验仪不能正常工作。

六、思考题

自行设计下列实验:

(1)简易微型半导体恒温器的设计。

(2)简易微型半导体制冷器的设计。

(3)简易微型温差发电模块的设计。

(4)简易微型温差照明系统的设计。

实验十一　室内环境监测和安防设计实验

一、实验目的

(1)了解和掌握光敏电阻和光电二极管特性测量和应用原理。

(2)热释电传感器应用原理。

(3)百叶窗控制原理。

二、实验仪器

建筑体、负载模块、光控灯模块、热释电模块、光源、光敏电阻、照度计、连接线、万用表。

三、实验原理

(一)光敏电阻的结构与工作原理

光敏电阻又称光导管,它几乎都是用半导体材料制成的光电器件。光敏电阻没有极性,纯粹是一个电阻器件,使用时既可加直流电压,也可以加交流电压。无光照时,光敏电阻值(暗电阻)很大,电路中电流(暗电流)很小。当光敏电阻受到一定波长范围的光照时,它的阻值(亮电阻)急剧减小,电路中电流迅速增大。一般希望暗电阻越大越好,亮电阻越小越好,此时光敏电阻的灵敏度高。实际光敏电阻的暗电阻值一般在兆欧量级,亮电阻值在几千欧以下。

光敏电阻的结构很简单,图 6.11.1(a)为金属封装的硫化镉光敏电阻的结构图。在玻璃底板上均匀地涂上一层薄薄的半导体物质,称为光导层。半导体的两端装有金属电极,金属电极与引出线端相连接,光敏电阻就通过引出线端接入电路。为了防止周围介质的影响,在半导体光敏层上覆盖了一层漆膜,漆膜的成分应使它在光敏层最敏感的波长范围内透射率最大。为了提高灵敏度,光敏电阻的电极一般采用梳状图案,如图 6.11.1(b)所示。图 6.11.1(c)为光敏电阻的接线图。

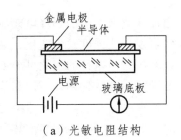
（a）光敏电阻结构

（b）光敏电阻电极

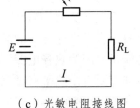
（c）光敏电阻接线图

图 6.11.1　光敏电阻结构

（二）光敏二极管结构及原理

光生伏特效应：光生伏特效应是一种内光电效应。光生伏特效应是光照使不均匀半导体或均匀半导体中光生电子和空穴在空间分开而产生电位差的现象。对于不均匀半导体，由于同质的半导体不同的掺杂形成的 PN 结、不同质的半导体组成的异质结或金属与半导体接触形成的肖特基势垒都存在内建电场，当光照射这种半导体时，由于半导体对光的吸收而产生了光生电子和空穴，它们在内建电场的作用下就会向相反的方向移动和聚集而产生电位差。这种现象是最重要的一类光生伏特效应。均匀半导体体内没有内建电场，当光照射时，因光生载流子浓度梯度不同而引起载流子的扩散运动，且电子和空穴的迁移率不相等，使两种载流子扩散速度的不同从而导致两种电荷分开，而出现光生电势。这种现象称为丹倍效应。此外，如果存在外加磁场，也可使得扩散中的两种载流子向相反方向偏转，从而产生光生电势。通常把丹倍效应和光磁电效应成为体积光生伏特效应。光电二极管和光电三极管即为光电伏特器件。

光敏二极管的结构和普通二极管相似，只是它的 PN 结装在管壳顶部，光线通过透镜制成的窗口，可以集中照射在 PN 结上，图 6.11.2（a）是其结构示意图。光敏二极管在电路中通常处于反向偏置状态，如图 6.11.2（b）所示。

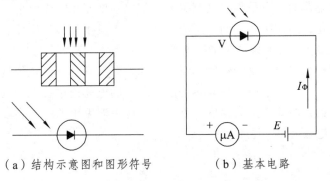
（a）结构示意图和图形符号　　　（b）基本电路

图 6.11.2　光敏二极管结构示意图及基本测试电路图

PN 结加反向电压时，反向电流的大小取决于 P 区和 N 区中少数载流子的浓度，无光照时 P 区中少数载流子（电子）和 N 区中的少数载流子（空穴）都很少，因此反向电流很小。但是当光照 PN 结时，只要光子能量 h 大于材料的禁带宽度，就会在 PN 结及其附近产生光生电子—空穴对，从而使 P 区和 N 区少数载流子浓度大大增加，它们在外加反向电压和 PN 结内电场作用下定向运动，分别在两个方向上渡越 PN 结，使反向电流明显增大。如果入射光的照度变化，光生电子—空穴对的浓度将相应变动，通过外电路的光电流强度也会随之变动，光敏二极管就把光信号转换成了电信号。

热释电探测器是一种利用某些晶体材料自发极化强度随温度变化所产生的热释电效应制成的新型热探测器。当晶体受辐射照射时，由于温度的改变使自发极化强度发生变化，结果在垂直于自发极化方向的晶体两个外表面之间出现感应电荷，利用感应电荷的变化可测量辐射的能量。因为热释电探测器输出的电信号正比于探测器温度随时间的变化率，不像其他热探测器需要有个热平衡过程，所以其响应速度比其他热探测器快得多，一般热探测器典型时间常数值在 $1 \sim 0.01\ s$，而热释电探测器的有效时间常数低达 $3 \times 10^{-5} \sim 10^{-4}\ s$。虽然目前热释电探测器在探测率和响应速度方面还不及光子探测器，但由于它还具有光谱响应范围宽，较大的频响带宽，在室温下工作无需致冷，可以有大面积均匀的光敏面，不需要偏压，使用方便等优点而得到日益广泛的应用。

（三）热释电传感器原理

某些物质（例如硫酸三甘肽、铌酸锂、铌酸锶钡等晶体）吸收光辐射后将其转换成热能，这个热能使晶体的温度升高，温度的变化又改变了晶体内晶格的间距，这就引起在居里温度以下存在的自发极化强度的变化，从而在晶体的特定方向上引起表面电荷的变化，这就是热释电效应。

在 32 种晶类中，有 20 种是压电晶类，它们都是非中心对称的，其中有 10 种具有自发极化特性，这些晶类称为极性晶类。对于极性晶体，即使外加电场和应力为零，晶体内正、负电荷中心也并不重合，因而具有一定的电矩，也就是说晶体本身具有自发极化特性，所以单位体积的总电矩可能不等于零。这是因为参与晶格热运动的某些离子可同时偏离平衡态，这时晶体中的电场将不等于零，晶体就成了极性晶体。于是在与自发极化强度垂直的两个晶面上就会出现大小相等、符号相反的面束缚电荷，极性晶体的自发极化通常是观察不出来的，因为在平衡条件下它被通过晶体内部和外部传至晶体表面的自由电荷所补偿。极化的大小及由此而引起的补偿电荷的多少是与温度有关的。如果强度变化的光辐射入射到晶体上，晶体温度便随之发生变化，晶体中离子间的距离和链角跟着发生相应的变化，于是自发极化强度也随之发生变化，最后导致面束缚电荷跟着变化，于是晶体表面上就出现能测量出的电荷。

当已极化的热电晶体薄片受到辐射热时候，薄片温度升高，极化强度下降，表面电荷减少，相当于"释放"一部分电荷，故名热释电。释放的电荷通过一系列的放大，转化成输出电压。如果继续照射，晶体薄片的温度升高到 T_C（居里温度）值时，自发极化突然消失。不再释放电荷，输出信号为零，见图 6.11.3。

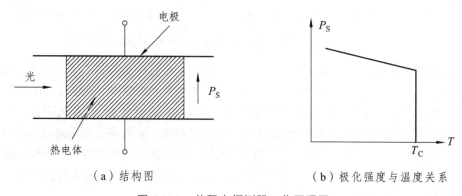

（a）结构图   （b）极化强度与温度关系

图 6.11.3　热释电探测器工作原理图

因此，热释电探测器只能探测交流的斩波式的辐射（红外光辐射要有变化量）。当面积为 A 的热释电晶体受到调制加热，而使其温度 T 发生微小变化时，就有热释电电流 i。

$$i = AP\frac{\mathrm{d}T}{\mathrm{d}t} \qquad\qquad (6.11.1)$$

A 为面积，P 为热电体材料热释电系数，$\dfrac{\mathrm{d}T}{\mathrm{d}t}$ 是温度的变化率。

四、实验内容及步骤

（一）光敏电阻特性测量实验

用万用表电阻档测量光敏电阻阻值，改变光源亮度，并记录不同照度下光敏电阻阻值大小，绘出光敏电阻对应光强大小的关系曲线并分析。

（二）光敏电阻光控开关及光控灯实验

光敏电阻输出端金色插座对应接到"IN"端金色插座，"OUT"端对应接到继电器正负端。打开电源开关，用万用表测量 V_{lm} 端电压，用手遮挡光敏电阻，分别记下明、暗时 V_{lm} 电压。调节阈值电压使 V_{yz} 值在明暗电压值之间。

用手遮挡光敏电阻，观察指示灯指示状况。

光控开关原理图如图 6.11.4，IN1 和 CON1 为光敏电阻输入端。U8 为运算放大器，型号为 OP07，此运算放大器构成比较器电路。当 3 脚电压高于 2 脚电压时输出高电平，三极管 Q4 截止继电器不吸合，发光二极管不发光。反之 2 脚输出低电平，三极管 Q4 导通，继电器得电导通，发光二极管发光。

（1）光敏电阻输出端金色插座对应接到"IN"端金色插座。

（2）打开电源开关，用手遮挡光敏电阻，观察指示 LED 明暗变化。

（3）调节可调电阻 W1，观察指示 LED 明暗变化。

图 6.11.5 为光敏电阻光控灯电路原理图。

该电路为恒流控制电流，在某一固定状态，LED 驱动电流恒定不变，从而使 LED 输出光功率恒定。

恒流控制原理如下：假设某一瞬间 LED 电流增加，则 R44 上压降增大，U4 通向输入端电压增大，U4 输出增大，U5 反向输入端增大，U5 输出则减小，Q1 基极电流减小，从而 LED 驱动电流也减小，保证了 LED 电流的恒定。反之分析原理亦同。

（三）光敏二极管特性测量实验

实验原理图如图 6.11.6 所示。

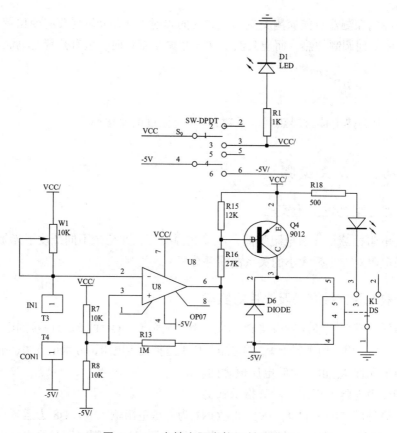

图 6.11.4　光敏电阻光控开关原理图

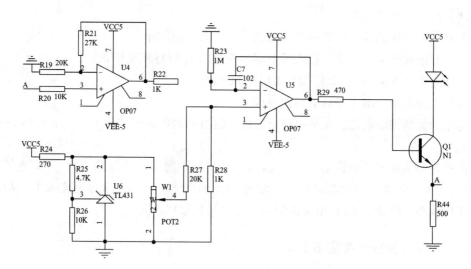

图 6.11.5　光敏电阻光控灯电路原理图

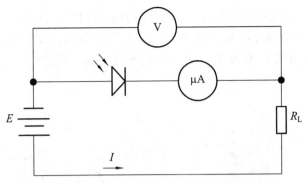

图 6.11.6　光敏二极管特性测量实验原理图

（1）组装好电路，R_L 取 1 kΩ，用照度计测量照射到光电二极管上的光照度。

（2）缓慢调节光照度调节电位器，直到光照为 300 lx（约为环境光照），缓慢调节直流调节电位器到电压表显示为 6 V，读出此时电流表的读数，即为光电二极管在偏压 6 V，光照 300 lx 时的光电流。

（3）测量在 6 V 偏压下不同光照度下的光电流，绘制曲线并分析。

（四）热释电传感器原理实验

（1）将实验模块上的金色插孔"D""S"和"G"对应用导线连接（热释电传感器接入电路，D 为热释电传感器供电端，S 为热释电传感器输出端，G 为热释电传感器地），"O1"为热释电传感器输出信号测试点，"O2"为超低频放大电路输出端，"VH""VL"分别为窗口比较电路上下限电压测试点，"O3"为窗口比较电路输出信号测试点，"O4"为延时电路输出信号测试点。

（2）数字万用表黑色表笔接地（GND），红色表笔接热释电红外探头"O1"端，选择直流电压 2 V 挡。打开实验箱电源，观察万用表数值变化，约 2 min 左右，直至数值趋于稳定，实验仪开始正常工作。

（3）用手在红外热释电探头端面晃动时，探头有微弱的电压变化信号输出（可用万用表测量）。经超低频放大电路放大后，万用表选择直流电压 20 V 挡，通过万用表可检测到"O2"输出端输出的电压变化较大。再经电压比较器构成的开关电路和延时电路（延时时间可以通过电位器调节），使指示灯点亮。观察这个现象过程。通过调节"灵敏度调节"电位器，可以调整热释电红外探头的感应距离。

（五）成品热释电报警器实验

（1）实验原理

实验原理图如图 6.11.7 所示。

+5 V 电源通过电阻 R5 和电容 E4 后给热释电传感器供电。热释电传感器输出信号 O1 经过 U1A、U1B 组成的超低频放大电路后由 U1B 的 7 脚输出 O2（超低频放大后信号），RP2 用来调节灵敏度。O2 输出到 U1C、U1D 组成的窗口比较电路，与上下限电压 VH、VL 进行比较，输出高低电平。当 O2 信号电压值在窗口比较电路上下限电压之间时，输出电平无变化，O3 输出低电平，当 O2 信号电压值在窗口比较电路上下限电压之外时，O3 输出高电平，这个电平跳变输入到有 U2 组成的延时电路，延时电路输出 O4 由低电平跳变为高电平并持续一段时间，持续时间长短可以通过调节 RP2 来改变。持续时间过后，O4 输出低电平。O4 输出驱动后面的 LED 驱动电路使 LED 发光。O4 为高电平时，LED 发光，反之 LED 不发光。

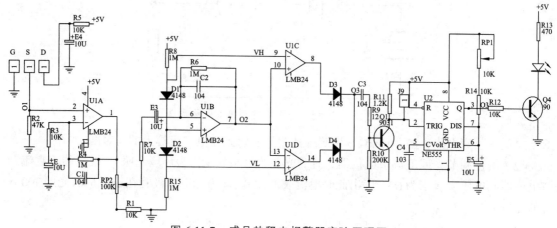

图 6.11.7　成品热释电报警器实验原理图

（2）实验步骤

① 红外热释报警器成品有四个接线，分两组：一组红色和黑色，一组蓝色（或黄色）和黑色。第一组红色和黑色为供电端，相应的连接到实验仪的"+12V"和"GND"与探测器信号输入端口上。第二组蓝色（或黄色）和黑色为信号输出端，接到我们需要控制的位置。红外热释报警器固定在合适位置。

② 通电，需延时 1 min 左右直到报警器上指示灯熄灭才能正常工作。

（六）红外安防设计实验

利用热释电报警器和单片机开发板，设计室内红外安防系统。

五、注意事项

不得扳动面板上面元器件，以免造成电路损坏，导致实验仪不能正常工作。

六、思考题

（1）举例说明光敏电阻光控开关在生活中的应用。

参考文献

[1] 王庆有. 光电信息综合实验与设计教程[M]. 北京：电子工业出版社，2010.

[2] 常大定，曾延安，张南洋生. 光电信息技术基础实验[M]. 武汉：华中科技大学出版社，2008.

[3] 张准，钟丽云，刘宏展，韦中超. 光电及电子技术实验[M]. 广州：暨南大学出版社，2017.

[4] 郝爱花. 光信息实验教程[M]. 西安：西安电子科技大学出版社，2011.

[5] 黄思俞. 光电子技术实践[M]. 厦门：厦门大学出版社，2016.

[6] 杭凌侠，高爱华，杨利红，高明，陈智利. 光学工程基础实验[M]. 北京：国防工业出版社，2011.

[7] 丁春颖，李德昌，武颖丽，李平舟. 现代光学实验教程[M]. 西安：西安电子科技大学出版社，2015.

[8] 江月松. 光电技术实验[M]. 北京：北京航空航天大学出版社，2012.

[9] 郭杰荣，刘长青，黄麟舒，蔡新华. 光电信息技术实验教程[M]. 西安：西安电子科技大学出版社，2015.

[10] 杨文琴. 信息光学实验[M]. 厦门：厦门大学出版社，2016.

[11] 范希智，郜洪云，陈明清，贾信庭. 光学实验教程[M]. 北京：清华大学出版社，2016.

[12] 胡昌奎，黎敏，刘冬生，曾华荣. 光纤技术实践教程[M]. 北京：清华大学出版社，2015.

[13] 张皓晶. 光学平台上的综合与设计性物理实验[M]. 北京：科学出版社，2017.

[14] 陈丽. 光学信息技术综合实验教程[M]. 北京：科学出版社，2017.

[15] 周建华，兰岚，杨承. 工程光学基础实验与设计仿真[M]. 北京：科技出版社，2018.

[16] 邱琪，史双瑾，苏君. 光纤通信技术实验[M]. 北京：科学出版社，2017.

[17] 曹辉，梁佩莹，蔡静，樊婷. 光电信息与技术实验教程[M]. 北京：国防工业出版社，2015.

[18] 罗元，胡章芳，郑培超. 信息光学实验教程[M]. 哈尔滨：哈尔滨工业大学出版社，2011.

[19] 马宁生，李佛生. 光学实验[M]. 上海：同济大学出版社，2016.

[20] 刘德明，鲁平，柯昌剑，刘海，胡必春，聂明局，崔晟. 光纤光学与光纤通信基础实验[M]. 武汉：华中科技大学出版社，2009.

[21] 刘胜德，钟丽云，戴峭峰，罗爱平. 光学实验[M]. 广州：暨南大学出版社，2017.

[22] 周建华，兰岚. 激光技术与光纤通信实验[M]. 北京：北京大学出版社，2015.

[23] 于清旭. 光电信息科学与工程专业实验[M]. 大连：大连理工大学出版社，2016.

[24] 周俐娜，昌涛，杜秋姣，陈洪云，张光勇. 光电子专业实验[M]. 武汉：中国地质大学出版社，2015.

[25] 吕敏，陈笑，王义全. 光纤通信技术基础实验[M]. 北京：中央民族大学出版社，2011.

[26] 吕且妮，谢洪波. 工程光学实验教程[M]. 北京：机械工业出版社，2018.

[27] 王筠，童爱红，冯国强，吉紫娟，郑秋莎. 光电信息技术综合实验教程[M]. 武汉：华中科技大学出版社，2018.

[28] 文尚胜. 光电信息技术实验[M]. 广州：华南理工大学出版社，2018.